食品安全管理体系内审员

培训教程

（第二版）

王玉君　张海军　主编
张　妍　审

化学工业出版社

·北京·

内容简介

本书对《食品安全管理体系：食品链中各类组织的要求》（ISO 22000: 2018）新版内容进行深入解读，并结合优秀企业的案例讲解标准的实际应用，同时对 HACCP 原理及应用、食品防护、食品欺诈缓解进行深入剖析。

本书既可作为食品企业的食品安全管理体系内审员培训教材，也可作为高等职业院校食品专业的教材，同时也可供食品行业安全管理人员参考使用。

图书在版编目（CIP）数据

食品安全管理体系内审员培训教程/王玉君，张海军主编.
—2 版. —北京：化学工业出版社，2022.12（2025.1 重印）
ISBN 978-7-122-42337-5

Ⅰ.①食… Ⅱ.①王… ②张… Ⅲ.①食品检验-质量管理
体系-国际标准-教材 Ⅳ.①TS207

中国版本图书馆 CIP 数据核字（2022）第 188750 号

责任编辑：王　芳　张双进　　　　文字编辑：张凯扬　陈小滔
责任校对：宋　夏　　　　　　　　装帧设计：关　飞

出版发行：化学工业出版社
　　　　　（北京市东城区青年湖南街 13 号　邮政编码 100011)
印　　装：北京科印技术咨询服务有限公司数码印刷分部
787mm×1092mm　1/16　印张 15½　字数 386 千字
2025 年 1 月北京第 2 版第 2 次印刷

购书咨询：010-64518888　　　　　　售后服务：010-64518899
网　　址：http://www.cip.com.cn
凡购买本书，如有缺损质量问题，本社销售中心负责调换。

定　　价：78.00 元　　　　　　　　版权所有　违者必究

前言

对生产、制造、处理或供应食品的所有企业而言，食品安全是首要的义务与责任，所有企业都意识到食品安全管理体系可以有效地识别和控制食品安全危害，因此越来越多的食品企业采用食品安全管理体系。

食品安全管理体系版本更新，有些企业对于新的版本应用不到位，为了更好地服务读者，本书编写人员在第一版的基础上进行了修订。本书详细解读《食品安全管理体系：食品链中各类组织的要求》（ISO 22000：2018）的内容，通过案例帮助企业深入学习新版标准，正确应用食品安全管理体系。本次修订将第一版的第四章和第五章删除，增加了食品防护和食品欺诈缓解相关内容。

全书分为绪论、标准解读及应用、HACCP原理及应用三部分，黑龙江旅游职业技术学院杨文博编写绪论、引言及第1~3条款、第5条款、第7.1~7.4条款、第8.1条款、第8.3条款；黑龙江飞鹤乳业有限公司王玉君编写第4条款、第6条款、第7.5条款、第8.4条款及第8.6~8.11条款和HACCP原理及应用；上海天祥质量技术服务有限公司张海军编写第8.2条款、第8.5条款；黑龙江飞鹤乳业有限公司王海雁编写第9条款、第10条款，全书由张妍统稿并审核。

由于编者水平有限，如有不妥之处，敬请批评指正。

编 者
2022年1月

第一版 前言

随着科学技术与人类文明的飞速发展，食品安全已引起各界社会的空前关注。如何确保食品安全卫生质量，预防与控制从原料到食品加工、贮运、销售等的整个食品链各环节可能存在的安全危害，最大限度地降低食品的安全风险，已成为现代食品行业追求的核心管理目标。

食品安全管理体系作为有效的食品安全预防系统已被越来越多的企业所采用，国内各高校也越来越意识到食品安全管理体系的重要性，为了缩短学生与企业的距离，使学生适应现代食品企业的食品安全管理模式，越来越多的高等院校开设了食品安全管理体系内审员课程。为了满足食品安全管理体系内审员培训、学习和考试的需求，保证学生能够获得相关的知识，根据高等院校学生的学习特点和理解要求编制了此教程。本教程包括了食品安全管理体系方面的基础知识和所需的内审知识，对帮助学员全面准确地理解和应用食品安全管理体系，掌握必要的认证内部审核知识，顺利完成培训并通过内审员考试有重要作用。

本教程共分五章，第一章、第三章、第五章由张妍编写，第二章、第四章由张甦编写，全书由张妍统稿。刘晓艳对本书进行了审阅。

本教程既可作为高等院校食品专业和食品企业的食品安全管理体系内审员培训教材，也可供食品行业安全管理人员参考使用。

由于编者水平有限，如有不妥之处，敬请批评指正。

编　者
2007 年 11 月

目录 ▦

绪　　论

1　国内外食品安全管理发展沿革

1.1　危害分析和关键控制点的诞生

在 20 世纪 60 年代，美国 Pillsbury 公司为美国太空项目提供安全卫生食品时，率先使用了危害分析和关键控制点（hazard analysis and critical control point，HACCP）的概念。1973 年，美国食品药品监督管理局（FDA）决定在低酸罐头食品中采用 HACCP。1969 年国际食品法典委员会（CAC）发布了 CAC/RCP1-1969 食品卫生通则，并于 2003 年更新，其中详细规定了 HACCP 原理及使用方法。1985 年美国科学院建议 HACCP 应被行政当局采用，经过数年的研究和发展，HACCP 得到进一步完善。1989 年 11 月，美国农业部食品安全检验局（FSIS）、美国国家海洋渔业局（NMFS）、美国食品药品监督管理局等机构发布了"食品生产的 HACCP 法则"。1990～1995 年，美国相继将 HACCP 应用于禽肉产品、水产品等诸多方面。1997 年 12 月 18 日美国颁布禽、肉 416 和 417 法规，对输美水产品企业强制要求建立 HACCP 体系，否则其产品不能进入美国市场。

1.2　ISO 22000 的诞生和发展

2005 年 9 月 1 日国际标准化组织（ISO）发布 ISO 22000：2005。该标准由 ISO 中来自食品行业的专家，通过与国际食品法典委员会、联合国粮农组织和世界卫生组织紧密合作而产生。

ISO 22000：2005 食品安全管理体系于 2005 年 9 月 1 日正式发布。这是一个新的国际标准，旨在保证全球的安全食品供应。我国于 2006 年 6 月 1 日发布 GB/T 22000—2006《食品安全管理体系　食品链中各类组织的要求》，正式将 ISO 22000：2005 标准转化为中国国家标准。

随着经济全球化的发展，生产、制造、供应食品的企业逐渐认识到，顾客越来越希望企业可以提供足够的证据证明自己有能力控制食品安全危害和影响食品安全的因素。由于各国标准不一致，顾客的要求难以满足，因此，有必要协调各国标准使之形成国际统一标准。同时，一个统一的国际性标准和国际间通用的管理体系认证方式，将对突破技术壁垒起到积极作用。

任何一个食品安全管理体系都不是封闭的，它是开放的、不断更新的，会随着社会、环境、生产技术的变化而不断发展变化的系统。

任何系统化管理体系至少要具备的特征：方针、目标、职责、执行、检查、改进。它涵盖整个组织上至最高管理者下到基层员工每个人的职责。

1938 年美国 FDA 强制推行的良好生产规范（GMP）规定了食品生产企业必须达到的最基本的生产前提条件，体现了预防的观点，但真正的预防和设计理念并未体现。食品安全是设计出来的，不是生产出来的，更不是监管出来的，这一理念已得到越来越多的国家和组织的认同。

食品安全管理体系的理念所经历的发展过程是结果验证、生产过程的设计、抽象的安全环境设计及具体的安全环境设计。从监管方面来说，所经历的发展过程是被动检验、预防性生产设计、预防性环境设计。设计一个产品所处的良好安全环境，将可能和潜在的安全风险提前预防，由此得到的产品才可能是安全的。

根据目前食品安全管理体系的理念，生产过程中的关键控制点，只是发现危害的途径，而不能仅仅看作是控制危害的手段。如在生产过程中所使用的异物剔除装置，如果仅仅将其作为控制异物的手段是远远不够的，发现异物只能表明某个过程控制不当，需要找到异物的风险源才能从根本上解决问题。另外，现有管理体系中虽都有顾客投诉管理程序和体系改进程序的要求，但在体系设计中只是被动而不是主动地考虑顾客意愿，这也许是目前所有食品安全管理体系的缺陷。

2018 年 6 月 18 日国际标准化组织发布 ISO 22000：2018 标准，其目标是协调全球食品安全管理的要求，采用了所有 ISO 标准所通用的 ISO 高阶结构（HLS），该标准有助于确保从农场到餐桌整个食品供应链的食品安全。由于它具有其他广泛应用的 ISO 标准（如 ISO 9001 和 ISO 14001）相同的结构，因此与其他管理体系的整合更加容易。HLS 导致 ISO 22000：2018 发生一些变化，另外还有一些针对食品安全管理和当前商业环境的变化，主要变化参见绪论部分第 4 节 ISO 22000：2018 标准的关键变化点。

2　食品安全管理与食品安全管理体系

在介绍食品安全管理及食品安全管理体系前，有必要对食品安全及食品卫生进行简单了解。

食品安全是指食品按照预期用途加工或食用时不会对消费者产生危害。

食品卫生指在食品链的整个环节中为保证食品安全性、有益性和完好性所采取的所有的必需条件和措施。

食品安全管理目前没有明确的定义，参考各种资料，广义地讲，食品安全管理是指政府及食品相关部门在食品市场中动员和运用有效资源，采取计划、组织、领导和控制等方式，对食品、食品添加剂和食品原材料的采购，食品生产、流通、销售及食品消费等过程进行有效的协调及整合，以确保食品市场内活动健康有序开展，保证实现公众生命财产安全和社会利益目标的活动过程。狭义地讲，食品安全管理是指组织利用一切可以利用的管理手段和资源，保证食品从农田到餐桌的食品安全。例如，食品生产企业在原料采购过程中对原料实施入厂检验、政府对于婴幼儿配方奶粉企业的监管，这些都是食品安全管理的范畴。

食品安全管理体系是指应用 CAC 的 HACCP 原理，用体系的方法保证食品安全，从原料采购、基础设施保证、生产过程管理、不符合管理、虫鼠害管理、人员能力保证、测量准确性等方面全方位保证食品安全。

食品安全管理体系的目标：

① 减少食源性疾病，保护公众健康。

② 防范不卫生的、有害健康的、误导的或假冒的食品，以保护消费者的权益。

③ 通过建立一个完全依照规则的国际或国内贸易体系，保持消费者对食品安全管理体系的信心，从而促进经济发展。

食品安全管理体系覆盖一个国家所有食品的生产、加工和销售过程，也包括进口食品。食品安全管理体系必须建立在法律基础之上。

现行全球食品安全管理体系很多，如 ISO 22000：2018、BRCGS-Food V8.0、IFS Food V7.0 等。

3　国内外食品安全管理体系概述

食品安全已经成为世界各国关注的焦点，为了彻底减少食品安全事件，2000 年全球食品安全倡议（GFSI）组织成立，该组织为独立的非营利国际组织，由 70 多个国家的 650 余家世界领先的食品生产、零售企业和餐饮等供应链服务商组成，主张要从根本上解决食品安全问题，应通过标准比对、标准互认，"一处认证，处处认可"，实现不同食品安全标准之间的全球趋同，提高食品供应链的成本效率。

GFSI 组织不编写标准，但提供认证标准和/或认证方案框架，目前 GFSI 框架下认可众多标准，其中包括 BRCGS 系列标准、IFS 系列标准、SQF 系列标准、Dutch HACCP、Global GAP（全球良好农业规范）等标准，为不同组织提供协商一致的认证方案或标准。

3.1　BRCGS

BRCGS（食品安全全球标准）由零售商、制造商和食品服务机构的食品行业专家开发，以确保其严谨、细致、易于理解。该标准于 1998 年首次出版，现已更新为第九版，并在全球范围内建立了良好的基础，它随着许多全球领先的利益相关方的投入而发展。它提供了一个框架来管理产品安全性、合法性和质量，适用于食品链中各种规模和复杂程度的所有组织，包括食品加工、饲料生产、食品添加剂、食品包装和包装材料的生产、零售/批发、运输和贮存及分销服务的组织。

3.2　IFS

IFS（国际食品标准）是为保证在对食品供应商审核时有一套透明且完整的标准，由德国零售商联盟（HDE）和法国零售商和批发商联盟（FCD）共同制订的。IFS 是一个能对整个食品供应链的供应商进行审核的统一标准。这个标准有统一的方法、统一的审核程序，并被多方所认可。

IFS 经德国贸易机构联会于 2001 年向全球发行,这套标准包含了对食品供应的品质与安全卫生保证能力的考核要求,得到了欧洲尤其是德国和法国食品零售商的广泛认可,许多知名的欧洲超市集团要求食品供应商要通过 IFS 审核。IFS 也是获得国际食品零售商联合会认可的质量体系标准之一。

现行 IFS 为第七版,其主要特点:针对食品零售行业的食品安全管理体系,其原理是将 GAP(良好农业操作规范)、GMP(良好生产操作规范)、GSP(良好供应链操作规范)与 HACCP 系统融合。

3.3 SQF

SQF(食品安全规范)是全球食品行业安全与质量体系的最高标准,它源自澳大利亚农业委员会为食品链相关企业制定的食品安全与质量保证体系标准。目前,SQF 的全球认证管理事务由美国食品零售业公会(FMI)负责。SQF 是目前世界上将 HACCP 和 ISO 9001 这两套体系完全融合的标准,最大限度地减少了企业在质量安全体系上的双重认证成本。该标准具有很强的综合性和可操作性。

SQF 适用于从农田到餐桌的全部食品供应链,是用于评估产品质量及安全性、合法性的标准,其核心是应用 HACCP 的七大原理识别和控制生物、化学及物理性危害。

3.4 其他食品安全标准

如 Dutch HACCP(荷兰认可标准)、China HACCP(中国最早发布的标准)等标准均以 HACCP 七大原理作为减少食品安全危害到可接受水平的主要分析工具,这些标准现均被 GFSI 接受并认可。

4 ISO 22000:2018 标准的关键变化点

4.1 标准结构的变化

① 采用高阶结构(HSL),与 ISO 9001 保持一致,便于整合。
② 食品安全管理体系(FSMS)系统模型的变化(体系的 PDCA 和食品安全计划的 PDCA)。

4.2 管理原则的变化

强调质量管理 7 大原则同样适用。

4.3 术语的变化

比旧版新增 28 个术语，对 CCP、OPRP 和 PRP 之间的区别作了明确的描述。

4.4 标准内容的变化

① 明确了前提方案的引用标准：ISO/TS 22002 系列标准。

② 强调基于风险的思维方法，加强组织层面和运行层面的风险管理。

③ 增加"理解组织及其环境"。

④ 增加"理解相关方的需求和期望"。

⑤ 增加"应对风险和机遇的措施"。

⑥ 强调高层领导力和食品安全文化。

⑦ 强调食品安全目标可实现性。

⑧ 工作环境强调人为因素和物理因素。

⑨ 增加"对外部开发的 FSMS 要素的控制"。

⑩ 强调对外部提供过程、产品和服务的控制。

⑪ 强调对追溯系统的有效性进行验证。

⑫ 强调对应急准备和响应程序的测试。

⑬ 原料、辅料和产品接触材料描述中增加"来源"一项。

⑭ 增加对加工环境的描述。

⑮ OPRP 和 HACCP 均属于危害控制计划，对建立 OPRP 的描述更具体。

⑯ 强调针对 PRPs 和危害控制计划的验证。

⑰ 产品撤回改为产品撤回/召回。

⑱ 管理评审输入新增内容。

标准解读及应用

0 引言

0.1 总则

采用食品安全管理体系（FSMS）是组织的一项战略决策，能够帮助其提高食品安全的整体绩效。食品安全管理体系适用于整个食品链中所有环节、任何规模以及希望通过实施食品安全管理体系来稳定提供安全产品的所有组织。这些组织可以分为两类：

① 直接介入食品链的组织。如饲料生产者、收获者、农作物种植者、辅料生产者、食品生产制造者、零售商、餐饮服务与经营者、提供清洁和消毒、运输、贮存和分销服务者等。

② 间接介入食品链的组织。如设备、清洁剂、包装材料以及其他一些食品接触材料的供应商，同时也包括相关服务提供者等。

本标准采用了过程方法、PDCA循环和基于风险的思维。

0.2 食品安全管理体系原则

食品安全与消费时（由消费者摄入）食品安全危害的存在状况有关。由于食品链的任何环节均可能引入食品安全危害，因此，应对整个食品链进行充分的控制。食品安全应通过食品链中所有参与方的共同努力来保证。食品安全管理体系结合了下列普遍认同的关键要素，从而使建立的体系能够更有效率地保证食品安全。

相互沟通：为了确保食品链每个环节所有相关的食品危害均得到识别和充分控制，整个食品链中各组织的沟通必不可少。因此，食品链中的上游和下游组织之间均需要沟通。尤其对于已确定的危害和采取的控制措施，应与顾客和供方进行沟通，这将有助于明确顾客和供方的要求（如在可行性、需求和对终产品的影响方面）。

体系管理：组织可根据食品安全管理体系标准的要求，建立有效的食品安全管理体系，组织应该规定食品安全管理体系中所涉及的产品和产品类别、过程和生产场地，从而针对每个涉及点进行体系管理，以保证最终产品的安全性。

前提方案：是保持食品安全所必需的基本条件和活动。组织通过所处的位置和类型，选择适合的前提方案。

危害分析和关键控制点（HACCP）原理：组织可以通过危害分析识别出显著食品安全危害，并运用 HACCP 原理对食品加工、运输以至销售整个过程中的显著食品安全危害进行控制，从而保证食品达到安全水平。它是一个系统的、连续的食品卫生预防和控制方法。

食品安全管理体系是在 ISO 管理体系标准通用原则的基础上制定的。ISO 22000：2018 在管理原则上的变化，就是强调质量管理 7 大原则同样适用，即以顾客为关注焦点、领导作用、全员积极参与、过程方法、改进、循证决策、关系管理。

0.3 过程方法

0.3.1 总则

组织拥有可被确定、测量和改进的过程。这些过程相互作用以产生与组织的目标相一致的结果，并跨越职能界限。某些过程是关键的，组织应增强关键过程的能力，寻求改进机会。

组织应识别和策划过程，考虑过程的绩效目标、输入、输出、活动和资源，过程的职责和权限以及风险和机遇，过程的接口与沟通以及过程的监视和改进。组织应对风险进行管控，把握机遇，并通过对过程结果的测量和分析，寻找改进的机会，不断改进优化过程，实现管理系统水平的不断提升。

组织应注意过程之间的接口关系，否则容易出现职责不清、互相推诿的现象。

在体系中应用过程方法能够：理解并持续满足要求；从增值的角度考虑过程；获得有效的过程绩效；在评价数据和信息的基础上改进过程。

图 1 为单一过程的各要素及其相互作用示意图。每一过程均有特定的监视和测量检查点以用于控制，这些检查点根据相关的风险有所不同。

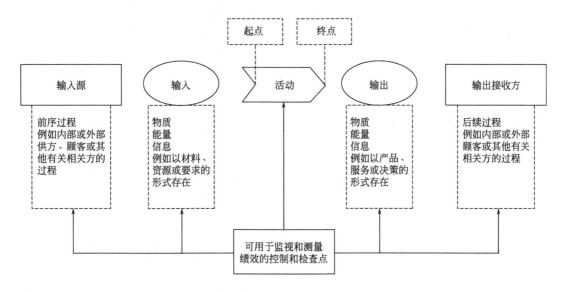

图 1　单一过程各要素及其相互作用示意图

0.3.2 PDCA 循环

ISO 22000：2018 系统模型的变化是增加了 PDCA（策划—实施—检查—处置）循环。PDCA 循环是美国质量管理专家沃特·阿曼德·休哈特（Walter A. Shewhart）首先提出的，由戴明采纳、宣传推广，所以又称戴明环。全面质量管理的思想基础和方法依据就是 PDCA 循环。PDCA 循环的含义是将质量管理分为四个阶段，即策划（plan）、实施（do）、检查（check）和处置（action）。这四个过程不是运行一次就结束，而是周而复始、阶梯式上升的。

在 ISO 22000：2018 标准中，两个层次的 PDCA 循环图如图 2 所示，过程方法在两个层面上使用 PDCA 循环的概念。一个层面涵盖了 FSMS 的整体框架，另一个层面（运行的策划和控制）涵盖了食品安全体系内的过程。因此，两个层面之间的沟通至关重要。

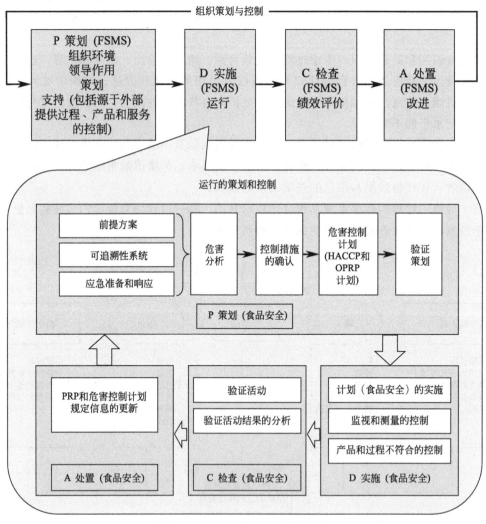

图 2 两个层次的 PDCA 循环图

8

0.3.3 基于风险的思维

ISO 22000：2018 与 ISO 22000：2005 的区别之一是强调基于风险的思维方法，加强组织层面和运行层面的风险管理。组织应按相关要求，对风险和机遇进行识别、评估，并根据需要制定措施，以抓住机遇，应对风险，提高食品安全管理体系的有效性，防止产生对企业的不利影响。

ISO 22000：2018 强调基于风险的思维方法，在操作层面则基于 HACCP 原理，通过 HACCP 可识别物理的、化学的、生物的危害以及过敏原等，并判定出显著的食品安全危害，有针对性地制定控制措施，从而预防危害的发生，或降低危害的水平到可接受水平，以确保提供给消费者的食品是安全食品。

0.4 与其他管理体系标准的关系

本版标准是依据 ISO 高阶结构（HLS）制定，HLS 的目标是改善 ISO 管理体系标准之间的一致性。本版标准使组织能够使用过程方法，并结合 PDCA 循环和基于风险的思维，使其方法与其他管理体系和支持标准的要求保持一致或一体化。随着 HLS 的引入，ISO 22000：2018 增加了"理解组织及其环境""理解相关方的需求和期望"和"应对风险和机遇的措施"内容。较同样采取高阶结构的 ISO 9001：2015 和 ISO 14001：2015 相比，ISO 22000：2018 有着特有内容，如在考虑内外部因素时提到了食品欺诈、食品防护等内容。此外还考虑了前提方案、追溯性要求。

1 范围

本文规定了食品安全管理体系（FSMS）的要求，本文的所有要求都是通用要求，适用于食品链中各种规模和复杂程度的所有组织。直接或间接介入的组织包括但不限于饲料生产者、动物食品生产者、野生动植物收获者、农民、辅料生产者、食品生产制造者、零售商，提供食品服务的组织、餐饮服务者，清洁和消毒服务、运输、贮存和分销服务的组织，设备清洁和消毒剂、包装材料和其他食品接触材料的供应商。

2 规范性引用文件

（无）

3 术语和定义

本次改版升级为 ISO 22000：2018，对于术语和定义进行了反复的修改，ISO 22000：2018 食品安全管理体系的术语和定义共有 45 个，而 ISO 22000：2005 仅有 17 个，新版标准增加了 28 个，修改更新了 10 个。

本版标准对关键术语的区别有了清楚的描述，比如关键控制点（CCP）、操作性前提方案（OPRP）和前提方案（PRP），其中，PRP 不再限于"在食品链中维持基本的卫生环境"了，而是在组织和食品链中维持食品安全，扩大了其范围。关键控制点（CCP）和控制措施（control measure）定义中，只保留了"防止食品安全危害和降低到可接受水平"，删除了"消除"字眼。在新增加和补充的术语和定义方面，为 OPRP 增加了行动准则并明确其定义。"可接受水平"在旧版中提到，但是没有明确的定义，新版作了准确的阐述。新增"污染"的定义：在食品或加工环境中引入或产生的包括食品安全危害的污染物，污染物包括食品安全危害但不只是食品安全危害。

以下为 ISO 22000：2018 中的 45 个术语及其定义的详细描述。

3.1　可接受水平（acceptable level）

组织（3.31）提供的终产品（3.15）中不得超过的食品安全危害（3.22）水平。

理解要点：

这里的可接受水平特指食品被食用后不会对身体造成危害的物理、化学及生物性危害的最低限制，如 GB 2762—2017《食品安全国家标准　食品中污染物限量》规定的最低限量，读者可以参照国家标准、行业标准或国际食品法典委员会（CAC）的相关要求。

3.2　行动准则（action criterion）

用于监视（3.27）一项 OPRP（3.30）的可测量或可观察的规范。

理解要点：

2018 版标准为 OPRP 增加了行动准则，解决了旧版中 OPRP 没有明确规定其是否处于受控状态的问题，并区分什么是可接受和不可接受。行动准则是为 OPRP 量身定做的，也就是说 OPRP 有一个标准，当超出这个标准，就采取措施，即行动准则。

"可测量或可观察"，就是 OPRP 的行动准则，可以通过测量具体的数值，或者观察运行状态，如设备、基础设施等来确定 OPRP 是否处于受控状态。以前很多食品行业的 OPRP 都不能通过测量来确保其受控，只能通过验证来核实可接受水平是否满足，其实这是用验证代替观察。而新版标准特意强调了 OPRP 是可以观察的。这样就突显了 CCP 和 OPRP 的典型区别。

OPRP 作为一种控制措施，控制显著危害，这点和 CCP 一样，CCP 也控制显著危害。

3.3　审核（audit）

为获得审核证据并对其进行客观的评价，以确定满足审核准则程度所进行的系统的、独立的和形成文件的过程（3.36）。

理解要点：

审核就是搜集审核证据、按照审核准则进行评价、形成文件的过程。

3.4 能力（competence）

应用知识和技能实现预期结果的本领。

理解要点：

这里的能力强调的是员工应获得的必要知识或技能。

3.5 符合（conformity）

满足要求（3.38）。

理解要点：

对应的是不符合，需要注意的是这里的符合包括了体系符合和产品合格。

3.6 污染（contamination）

在产品（3.37）或加工环境中引入或产生的，包括食品安全危害（3.22）的污染物。

理解要点：

污染物，经常同食品安全危害一样，分为生物、化学和物理三个方面。例如，产品和加工环境中引入了污染物，都可称作污染，比如说环境卫生监控结果发现清洁区有沙门菌，说明清洁区环境遭受了污染。

注意"引入"和"产生"，二者有区别，前者是愈演愈烈，后者是从无到有。

3.7 持续改进（continual improvement）

不断提升绩效（3.33）的活动。

理解要点：

这里没有引用 ISO 9001：2015 的"循环活动"的说法，用了"不断提升"。持续改进本身应该是螺旋上升的、周而复始的循环活动。提高绩效是标准的目的，食品安全管理体系有效并持续提高绩效需要考虑管理本身的特性。

3.8 控制措施（control measure）

防止显著食品安全危害（3.22）或将其降低到可接受水平（3.1）的必要行动或活动。

理解要点：

与 2005 版相比，这是最大的变化，2005 版的"控制措施"是针对"食品安全危害"的，而 2018 版的"控制措施"是针对"显著食品安全危害"的。

3.9 纠正（correction）

为消除已发现的不合格所采取的措施（3.28）。

理解要点：

简单地说，纠正就是把错的事情做对，不合格产品经过重新生产转化为合格品（注意应在法律法规允许的前提下）。需要说明的是，纠正包括对潜在不安全产品的处理。在不给过程带来额外负担时，纠正措施可以一起实施。

3.10 纠正措施（corrective action）

为消除不合格（3.28）的原因并防止再次发生所采取的措施。

理解要点：

纠正措施，也叫纠偏措施，是把错误的原因改正，避免类似问题再次发生。

3.11 关键控制点（critical control point，CCP）

用于防止显著食品安全危害（3.40）或将其降低至可接受的水平，确定关键限值（3.12）并测量（3.26）以适于纠正（3.9）的控制措施中的某一过程步骤。

理解要点：

CCP 作为一种控制措施，这点和 OPRP 一样，其也控制显著危害。关键控制点只能是测量，但不能观察，但是"可测量"并不代表一定是量化的，这点要特别注意。

另外，CCP 一定要有关键限值，区别可接受和不可接受的一个可测量的值。如果没有这个值，就不可以作为 CCP。目前一些食品企业的关键限值制定得不合理，或者把工艺参数和关键限值混为一谈。

作为 CCP，一定要有方法来监视其是否失控，一旦偏离，可以及时纠正。这也是对 CCP 的基本配置要求。可是，这么多年来，食品企业制定的 CCP 常常不符合要求。要么制定出来了，也不能监控其是否失控，即现有的技术水平或关键设备还不能实现及时发现其失控状态；要么即使发现了，设备也不具备及时纠正的功能，无法及时地将 CCP 恢复到受控状态，将受影响的程度尽量降到最低。

3.12 关键限值（critical limit）

区分可接受和不可接受的测量值。

理解要点：

这里的"测量值"不仅仅是"简单数值"的概念，只要是可测量就可以，"测量值"仅仅是测量的结果。可测量，首先就是客观性，如温度控制达到 90℃，这就是一个可以测量的数值。CCP 的控制措施越精确，获得的客观数据越可靠，越能有效控制食品安全危害。当超出或违反关键限值时，受影响产品应视为潜在不安全产品进行处理。这方面和 OPRP 失控时结果判定是不一样的。

3.13 成文信息（documented information）

组织（3.31）需要控制和保持的信息及其载体。
理解要点：

这是本版标准最大的变化，整合了 2005 版的文件和记录，通过保持和保留来区分文件和记录，如后面标准提到保持成文的信息可以理解为文件，保留成文的信息可以理解为记录。

3.14 有效性（effectiveness）

完成策划的活动并得到策划结果的程度。
理解要点：

有效性一般指策划的活动是否达成预期的结果，如果达成了，那么达成到什么程度，如制定了质量目标，经过考核我们是否达成。这是狭义的有效性，而广义的有效性泛指体系的有效性。

3.15 终产品（end product）

不再被组织（3.31）进一步加工或转化的产品（3.37）。
理解要点：

组织出厂的最终产品。

3.16 饲料（feed）

用于喂养食用动物的单一或多种产品，包括加工的、半加工的以及未加工的物质。
理解要点：

即动物食用的产品。

3.17 流程图（flow diagram）

以图解的方式系统地表达各过程环节之间的顺序及相互作用。
理解要点：

如工艺流程图、物料流程图等。

3.18 食品（food）

用于消费的无论是加工的、半加工的还是未加工的物质（成分），包括饮料、口香糖以及任何用于"食品"制造、制备或处理的物质，但不包括化妆品、烟草或仅用作药物的物质（成分）。

理解要点：

食品分为狭义的食品，即人类食用；广义的食品，包括动物食用。

3.19　动物食品（animal food）

用于喂养非食用动物的单一或多种产品，包括加工的、半加工的和未加工的物质。
理解要点：

动物食品可以理解为给宠物或其他的类似动物的食品，与饲料不同的是，饲料喂养的动物，是给人类食用。

3.20　食品链（food chain）

从初级生产直至消费的各环节和操作的顺序，涉及食品（3.18）及其辅料的生产、加工、分销、贮存和处理。
理解要点：

"食品链"即从初级生产直至消费者的各环节的所有食品企业，如果再细化，还可以分为食品及其辅料的生产、加工、分销、贮存和处理等。

3.21　食品安全（food safety）

确保食品在按照预期用途制备和/或消费时不会对消费者造成不良健康影响。
理解要点：

食品安全就是我们食用的食品不应含有物理、化学、生物甚至过敏原等危害，至少在可接受水平，换句话说食品应该是安全的。

3.22　食品安全危害（food safety hazard）

食品（3.18）中含有的可能导致不良健康影响的生物、化学或物理的因素。
理解要点：

2005版标准中食品安全危害是"食品或食品存在环境中存在的生物……"，2018版标准不再考虑"食品存在环境"，可以通过对食品存在环境进行危害分析来获得更科学的信息。

风险和危害有区别，2018版标准没提"风险"只提"危害"，这是从专业的角度；本版标准把管理的风险和食品安全的风险相结合，提出体系风险和食品风险两部分，是食品安全管理体系的一大进步。

就宠物食品而言，要有专业性，比如狗粮，禁止添加的辅料有近百种，例如木糖、巧克力等对动物有危害的物质被禁止添加到宠物食品中。

3.23　相关方（首选术语）［interested party（preferred term）］

利益相关者（公认术语）［stakeholder（admitted term）］

可影响决策或活动、受决策或活动所影响、或自认为受决策或活动影响的个人或组织（3.31）。

理解要点：

对企业实现食品安全有潜在影响或企业的食品安全活动对其有影响的个人或团体，如股东、监管部门、供应商、顾客等。

3.24 批次（lot）

确定的在相同条件下生产和/或加工和/或基本包装的产品（3.37）数量。

理解要点：

批次定义的关键是在相同条件、相同工艺生产出来的一批产品，其质量和食品安全状况大体相同。企业在确定批次时，一方面要遵守国家法规、要求等相关规定；另一方面需考虑生产、成本、检验、质量控制等需求，在合规的基础上自行确定。

3.25 管理体系（management system）

组织（3.31）建立方针（3.34）和目标（3.29）以及实现这些目标的过程（3.36）的相互关联或相互作用的一组要素。

理解要点：

详见 ISO 9001：2015 基础和术语，过程一般分为三大类，顾客导向过程、支持过程和管理过程，这三大类过程相互作用就组成了管理体系，如食品安全管理体系、质量管理体系、环境管理体系、职业健康管理体系等。

3.26 测量（measurement）

确定数据的过程（3.36）。

理解要点：

测量是指将被测量与具有计量单位的标准量在数值上进行比较，从而确定二者比值的实验认识过程，测量的目的是确定测量结果与基值的偏差，以判定测量对象是否达到质量要求及食品安全标准。

3.27 监视（monitoring）

确定体系、过程（3.36）或活动的状态。

理解要点：

监视与测量相对应，测量是具体的数值，而监视则是对体系或过程及活动状态的确定，如注塑过程，对温度测量、对过程监视，这是不同的概念。

3.28 不符合（nonconformity）

未满足要求（3.38）。

理解要点：

与 3.5 的符合相对应，同样分为体系不符合和产品不合格。

3.29 目标（objective）

要实现的结果。

理解要点：

首先让我们了解下 objective 作为目标来说，是指一种非实体性的目的，是不能通过一般感观感知的。而 object 作为实物来讲，是可以通过眼睛看到的。从 objective 的概念来看，食品安全管理体系里面的目标，指为食品安全管理体系设立远期目标，以便实现持续改进，持续提升食品安全管理体系绩效。

3.30 操作性前提方案（operational prerequisite programme，OPRP）

用于防止或降低显著食品安全危害（3.40）至可接受的水平（3.1）的控制措施（3.8）或其组合，且行动准则（3.2）和测量（3.26）或观察以能够使过程（3.36）和/或产品（3.37）得到有效控制。

理解要点：

2018 版第一次正式提出了 OPRP 这一概念，以前都是机构间在使用，正规组织的说法都是操作性 PRP。

与 2005 版相比侧重点有很大变化，2005 版强调的是可能性，2018 版提到了"可接受水平"；另外已经公开声明其目的和 CCP 一样，都是"防止显著食品安全危害（3.40）或将其降低到可接受水平"。

OPRP 的使用目的是过程和产品的控制，2005 版仅仅是产品和加工环境的控制，可以理解为 2005 版是 PRP 的延伸，而 2018 版与 CCP 同等控制显著性危害。

3.31 组织（organization）

为实现目标（3.29），由职责、权限和相互关系构成自身功能的一个人或一组人。

理解要点：

组织的范围比较广，只要具备规定的职责和权限，而且可以实现策划的目标就可以称为组织，如公安局、学校、生产企业、服务企业等。

3.32 外包（outsource，动词）

安排外部组织（3.31）承担组织的部分职能或过程（3.36）。

理解要点：

狭义的外包指生产过程或工序外包，广义的外包包括生产过程和服务外包。

3.33　绩效（performance）

可测量的结果。

理解要点：

与有效性对应，有效性是活动实现结果，实现了就是有效。绩效就是实现到什么程度。例如，组织策划了供应商评价准则和周期，按照策划实施，假定考核的方法为供应商的评价个数，比如我们有 10 个供应商，仅仅评价了 9 个，绩效就是 90%。

3.34　方针（policy）

由最高管理者（3.41）正式发布的组织（3.31）的宗旨和方向。

理解要点：

方针即企业食品安全管理宗旨和方向，与企业的战略和企业的愿景保持一致；方针的制定要有高层亲自参与；具体的作用与企业文化和内外部环境相关。

3.35　前提方案（prerequisite programme，　PRP）

在组织（3.31）和整个食品链（3.20）中为保持食品安全所必需的基本条件和活动。

理解要点：

前提方案是食品链上企业保证食品安全的必要前提，新版标准建议采用 ISO/TS 22002 系列标准，其中包含基础设施管理、车间布局、设备及设施接触面、采购原材料、交叉污染、返工、个人卫生、过敏原、产品信息、蓄意污染等的管理，可以理解为建立食品安全管理体系的大前提。如《食品安全国家标准　食品生产通用卫生规范》（GB 14881—2013），其中就规定了食品生产企业必须遵守的主要方面，企业满足这些要求后才可以建立工厂，或建立食品安全管理体系。

3.36　过程（process）

将输入转化为输出的相互关联或相互作用的一组活动。

理解要点：

参照 ISO 9001：2015 关于过程的解读，内容如下：

① 过程的"预期结果"称为输出还是称为产品或服务，随相关语境而定。

② 一个过程的输入通常是其他过程的输出，而一个过程的输出又通常是其他过程的输入。

③ 两个或两个以上相互关联和相互作用的连续过程也可作为一个过程。

④ 组织通常对过程进行策划，并使其在受控条件下运行，以增加价值。

⑤ 不易或不能经济地确认其输出是否合格的过程，通常称之为"特殊过程"。

3.37　产品（product）

输出过程（3.36）的结果。

理解要点：

这里要和终产品区别开，这里的产品泛指原料、辅料、包材（包装材料）、过程半成品、终产品等。

当然这里的产品也包含服务，如企业仅提供食品流通、物流等服务。

3.38　要求（requirement）

明示的、通常隐含的或必须履行的需要或期望。

理解要点：

① 特定要求可使用限定词表示，如：产品要求、质量管理要求、顾客要求、质量要求。

② 要求可由不同的相关方或组织自己提出。

③ 为实现较高的顾客满意度，可能有必要满足那些顾客没有明示或必须履行的隐含期望。

3.39　风险（risk）

不确定性的影响。

理解要点：

风险和危害是不同的词，食品安全危害是对人体健康造成的影响，那么至于影响到什么程度，这就是风险。需要注意的是有危害不一定有风险，比如可口可乐含糖量较高，糖尿病人不适用，但如果糖尿病人不喝它，那么风险就是"0"，也就不会对健康造成危害。

3.40　显著食品安全危害（significant food safety hazard）

通过危害分析确定的、需要通过控制措施（3.8）控制的食品安全危害（3.22）。

理解要点：

所谓显著性危害就是通过危害分析确定的，并能通过控制措施控制的危害。假设冰山（图3）上面显露的部分可能是显著性危害，也可能是非显著性危害，这需要通过分析来确定；而冰山下部是看不到的，或者是危害分析无法确定的，这部分就不是显著性危害。

3.41　最高管理者（top management）

在最高层指挥和控制组织（3.31）的一个人或一组人。

理解要点：

详见 ISO 9001 基础术语，泛指公司最高权力和责任的一个或一组人。

图 3　冰山

3.42　可追溯性（traceability）

能够通过特定的生产、加工和分销阶段来跟踪客体的历史、应用情况、移动和位置的能力。

理解要点：

食品可追溯性是对一项产品从其原材料选择到交货的过程进行追踪，通过记录标识，对某个生产或服务活动的历史情况、应用情况或其所处的位置进行追溯的能力。

3.43　更新（update）

为确保应用最新信息而进行的即时和/或有计划的活动。

理解要点：

更新就是对食品安全管理体系的要素随时保持更新，以确保食品安全危害降低到可接受水平。

3.44　确认（validation）

"食品安全"获得证据以证实控制措施（3.8）（或控制措施组合）能够有效控制显著食品安全危害（3.40）。

理解要点：

参见 3.45 的理解要点。

3.45　验证（verification）

通过提供客观证据对规定要求（3.38）已得到满足的认定。

理解要点：

确认和验证的区别如下所述。

区别一：范围不同

确认的范围只针对由 HACCP 计划和操作性前提方案安排的控制措施，也就是对危害识别、评估之后所确定的操作性前提方案和 HACCP 计划和（或）它们的组合，是否可以将识别出的危害防止、消除或将其降低到可接受水平进行评估。而验证的范围则大很多，除了 HACCP 计划和操作性前提方案要素及实施效果之外，还包括前提方案实施情况，危害分析的输入是否持续更新，终产品的危害水平是否在可接受水平之内，组织要求的其他程序（如产品撤回程序、内审程序等）的实施情况及有效性。

区别二：目的不同

确认的目的是证实单个（或者一个组合）控制措施能够达到预期的控制水平，确定控制措施的科学性、合理性、有效性。而验证是证实包括前提方案、操作性前提方案、HACCP 计划在内的控制措施是否整体达到预期的危害控制水平，是否最终可获得安全的终产品，要认定的是整个体系运行是否有效。

区别三：实施时机不同

确认是在操作性前提方案和 HACCP 计划中的控制措施实施之前进行，包括策划变更后的实施之前。而验证则是总体的控制措施在实施中或实施后，也就是在实施一段时间之后所进行的活动。

区别四：采用的方法不同

由于确认是在实施前进行的活动，所以往往采用比较间接的办法，常用的有设计的统计学调查或数学模型的验算，如实验设计（DOE）或预测微生物模型等，权威机构如政府、行业协会等方面的指导等。比如，输美水产品企业，可以参考美国食品与药品管理局（FDA）制定的《水产品危害及控制指南》的内容。

验证往往采用另外一种方式去证明规定要求是否已得到满足，一般分日常验证和定期验证。日常验证活动采用的方法有评审监视记录；评审偏离及其纠正措施，包括处理受影响的产品；校准温度计或者其他重要的测量设备；分析测试结果或审核监视程序；随机收集和分析半成品或终产品样品；环境和其他关注内容的抽样；评审消费者或顾客的投诉来决定其是否与控制措施的执行有关，或者是否揭示了未经识别的危害存在，是否需要附加的控制措施；检查质量记录；复查现场操作执行情况；产品的检验；对于工作环境卫生状况的微生物抽样检测等。定期验证活动涉及整个体系的评估，通常是在管理和验证的小组会议中完成，并评审一定阶段所有的证据以确定体系是否按策划有效实施以及是否需要更新或改进。

区别五：频次要求不同

对于操作性前提方案和 HACCP 计划在实施前进行初始确认之后，通常不需要重新确认，除非出现诸如生产工艺、设备、产品（配方）、控制措施等变化，或危害发生频率变化、体系未知原因失效，才需要重新确认，也就是发生影响到控制措施的有关变化时需要进行重新确认。

验证则不同，通常有日常验证和定期验证两个阶段，其中日常验证活动的频次不宜过低，甚至多于产品监视体系的频次，以确保危害能够持续被"控制"；定期验证涉及体系的全面评估，体系运行正常情况下，验证频次不必太高，但每年至少一次，以证实体系持续有效，确保食品安全。

4 组织环境

4.1 理解组织及其环境

4.1.1 组织的宗旨

包括其愿景、使命、方针和目标。

4.1.2 组织环境

对组织建立和实现目标的方法有影响的内部和外部因素的组合。组织环境的概念，除了适用于营利性组织，还同样适用于非营利或公共服务组织。

注：以上概念来源于 ISO 9000:2015《质量管理体系 基础和术语》。

4.1.3 组织环境分析可以采取以下方法

① PESTEL 分析模型（又称大环境分析，是分析宏观环境的有效工具），主要从以下六个方面进行分析。

政治因素（political）：对组织经营活动具有实际与潜在影响的政治力量和有关的政策、法律及法规等因素。

经济因素（economic）：组织外部的经济结构、产业布局、资源状况、经济发展水平以及未来的经济走势等。

社会因素（social）：组织所在社会中成员的历史发展、文化传统、价值观念、教育水平以及风俗习惯等因素。

技术因素（technological）：不仅仅包括那些引起革命性变化的发明，还包括与企业生产有关的新技术、新工艺、新材料的出现和发展趋势以及应用前景。

环境因素（environmental）：一个组织的活动、产品或服务中能与环境发生相互作用的要素。

法律因素（legal）：组织外部的法律、法规、司法状况和公民法律意识所组成的综合系统。

针对风险水平采用的四种反应态度：承受、处理、转移、终止。

② SWOT 分析模型（波士顿矩阵、企业战略分析方法），主要从以下四个方面进行分析：

竞争优势（S）：指一个企业超越其竞争对手的能力，或者指公司所特有的能提高公司竞争力的东西。

竞争劣势（W）：指某种公司缺少或做得不好的东西，或指某种会使公司处于劣势的条件。

公司面临的潜在机会（O）：市场机会是影响公司战略的重大因素。公司管理者应当确认每一个机会，评价每一个机会的成长和利润前景，选取那些可与公司财务和组织资源匹配，使公司获得的竞争优势的潜力最大的最佳机会。

危及公司的外部威胁（T）：在公司的外部环境中，总是存在某些对公司的盈利能力和市场地位构成威胁的因素。公司管理者应当及时确认危及公司未来利益的威胁，做出评价并采取相应的战略行动来抵消或减轻它们所产生的影响。

制定行动计划的基本思路是：发挥优势因素，克服弱点因素，利用机会因素，化解威胁因素。详见 SWOT 分析法（图4）。

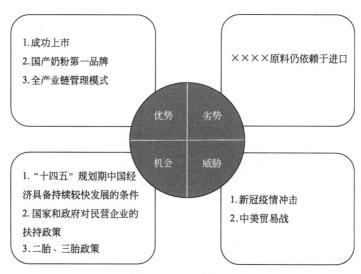

图4　SWOT分析法

③ 波特五力分析模型，用于竞争战略的分析，可以有效地分析客户的竞争环境。

"五力"分别是：供应商的讨价还价能力、购买者的讨价还价能力、潜在竞争者进入的能力、替代品的替代能力、行业内竞争者现在的竞争能力。详见波特五力分析模型（图5）。

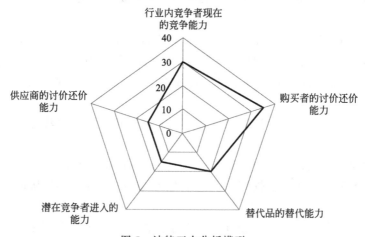

图5　波特五力分析模型

【应用案例】

组织可对本组织内外部环境进行识别与分析，以便消除或降低风险，并抓住机遇促进组织发展。详见组织内外部环境识别及质量和食品安全风险与机会分析表（表1）。

表 1　组织内外部环境识别及质量和食品安全风险与机会分析表

类别	组织环境相关的因素	SWOT分析法 相关方名称	优势	劣势	风险	机会	风险评估 严重性	发生频率	得分	风险等级	态度	对应措施 纠正（1~10分）	CAPA（>10分）或机会措施	措施整合到QMS过程中	责任部门	责任人	纠正跟踪（验证人/时间/关闭情况）	CAPA跟踪（验证人/时间/关闭情况）
外部环境-宏观环境-PEST分析 政治因素	中美同贸易纠纷将成为常态	中美政府			1.美国进口原料成本上升 2.进口周期变长 3.极端状况下可能面临断货风险		5	2	10	低	抵御	略			××部			
经济因素	全球经济尤其是欧洲受疫情影响,将持续低迷	供应商				欧洲供应商对飞鹤的重视程度进一步提升												
						略												
社会因素	国外疫情暴发,进口贸易受影响	供应商				进口奶粉货源供应受到影响,增加国产品牌发展机会	3	1	3	低	处理	积极扩大品牌影响力			××部			
						略												
技术因素	信息技术发展																	
环境因素	原料受全球气候变化的影响	供应商										略						
法律因素	国家对婴配奶粉行业监管的法规	供应商																
内部环境-核心竞争力分析 优势	成功上市,国产奶粉第一品牌	供应商	对供应商有较对吸引力															
劣势	供应商开发周期长			略														

23

4.2　理解相关方的需求和期望

相关方：顾客、所有者、组织内的人员、供方、银行、监管者、工会、合作伙伴以及社会。

组织应识别与食品安全有关的相关方，并通过数据分析、交流、问卷调查、在线服务等方式了解相关方的需求和期望，通过分析制定自己的策略，以便能持续、稳定地提供符合法律法规和相关方要求的产品和服务。

相关方的需求和期望应根据企业需求适时进行评审和更新。

【应用案例】

通过表 2 对相关方的需求和期望进行解析，参见相关方的需求和期望识别与评审表（表 2）。

4.3　确定食品安全管理体系的范围

ISO 22000：2018 适用于所有在食品链中期望建立和有效实施食品安全管理体系的组织，无论该组织类型、规模和所提供的产品如何。这包括直接介入食品链中一个或多个环节的组织（包括但不限于饲料加工者，农作物种植者，辅料生产者，食品生产者，零售商，食品服务商，提供清洁、运输、贮存和分销服务的组织），以及间接介入食品链的组织（如设备、清洁剂、包装材料以及其他与食品接触材料的供应商）。

确定食品安全管理体系范围时应该考虑组织的边界和适用性，即公司的上游、下游及公司的厂区周边。组织还应考虑其生产和服务过程，这里的生产特指食品生产企业，服务指的是食品经营或食品运输等企业，再次还应考虑终产品的食品安全，如交付过程、销售过程、消费过程等。确定食品安全管理体系范围时还应考虑组织环境的外部及内部因素以及相关方的需求和期望。

食品安全管理体系的范围应保持成文信息，修改应被组织或相关方获得。

4.4　食品安全管理体系

组织建立食品安全管理体系，形成文件，意味着所建立的体系在组织内是持续有效运行的，不是临时的；食品安全危害时刻处于变化之中，顾客需求的改变、法规要求的更新、科技的进步和组织生产活动的变更（如新产品、新设备、新工艺、新原料、新员工等）都可能引起危害及其可接受水平的变化，组织的食品安全管理体系受到上述因素的影响时应及时进行评价，确保体系的要求适应上述变化。

表2 相关方的需求和期望识别与评审表

序号	相关方类型	管理/服务内容	相关方需求和期望	获取渠道	收集部门	相关方需求和期望监测指标或项目	监测频率	监测部门	月份/年度	监测结果
			相关方需求和期望			**相关方需求和期望达成监测**				
1	所有者/股东/投资方	公司运营	持续赢利投资回报率快透明度高	财务数据	××部	利润表	1次/月	××部		
2	员工	员工激励与发展	1. 工资保障	与员工交流、座谈会、意见箱、员工满意度调查	××部	1. 每月按公司规定的时间及时发放工资	1次/月	××部		
			2. 良好的工作环境,健康、安全的工作保障							
			3. 激励:付出的工作得到认可并获得相应的薪酬或荣誉			2. 员工满意度调查,90%以上员工满意	1次/季度	××部		
			4. 发展:实现自我价值,职位得到提升							
3	经销商与消费者	产品提供	产品质量满足顾客要求	服务电话、在线客服、反馈、满意度调查等	××部	顾客投诉率	1次/月	××部		
			专人负责解答消费者咨询、投诉问题							
			对产品质量安全及营养方面的要求提高							
			良好的口碑			顾客满意度调查	1次/季度	××部		
			产品质量合格							
			产品供应及时,不断货							

5 领导作用

5.1 领导作用和承诺

最高领导者制定的食品安全方针和目标，应与公司的愿景和企业方针及目标相一致，食品安全方针和目标是企业方针和目标的一部分，应支持企业方针和目标，而不是与企业远期战略规划相违背，好的食品安全方针和目标可以促进并保证公司食品安全，促进食品安全管理，使食品危害降低到可接受水平。

【应用案例】

（1）食品安全方针举例

国际品质、安全卫生；顾客满意、诚实坚毅；持续改进、行业先锋。

国际品质：质量是企业的生命，公司产品要想在国际市场占有一席之地，被国际市场认可，并处于不败之地，就必须确保自己的产品质量达到国际水平，被国内外消费者接受，满足消费者要求，进而持续发展、壮大自己。

安全卫生：食品安全卫生是食品质量最基本的属性，没有食品安全卫生做保证就没有整体质量的保证，公司就无法生存。公司把"安全卫生"作为加工食品的安全方针，通过认真贯彻执行，全体员工树立良好的食品安全卫生质量意识，高度重视食品安全卫生，对出现的质量问题，无论大小，一律追查到底，对责任者决不姑息迁就，保证产品的安全卫生。

顾客满意：满足顾客要求是赢得市场的首要条件，公司通过广泛的市场调研和与顾客充分沟通，及时了解顾客的各种要求（尤其是潜在要求），依靠公司食品安全管理体系的有效运行，不断提高满足顾客要求的能力。

诚实坚毅：为完成公司"开创和谐的健康生活"的使命，要求公司员工树立食品质量安全意识，对出现的食品质量安全问题，实事求是，不弄虚作假，以诚待人；同时要求员工增强法制、道德观念，培养社会责任感，并持之以恒，把企业的食品质量安全状况作为衡量诚实诚信水平的重要指标。

持续改进：不断地对管理体系进行更新改进是公司生存的真谛，通过对存在的各种问题及时采取纠正措施和预防措施，不断提高工作效益，降低生产成本，持续提高食品质量安全管理体系实施的有效性，从而达到满足顾客要求的目的。

行业先锋：通过建立、实施并持续改进的食品安全管理体系，引进先进的设备、技术及高素质人才，减少浪费，加强污水、烟尘的处理，做好环境保护工作，使公司在管理、技术、设备、产品质量和环境保护上达到同行业之首。

（2）食品安全目标举例

产品出厂合格率为100%；

顾客投诉次数每年不超过2次，索赔为0次，处理反馈率为100%；

全年召回/撤回为0起；

食品安全事件为0起。

新版 ISO 22000 要求将食品安全管理体系融入组织业务过程，这也是 ISO 组织的重大改进，自 ISO 9001：2015 发布后，要求企业尽量避免单独建立管理体系，应结合企业现有业务过程，把体系整合到公司业务流程中，避免出现体系文件与公司运营过程相脱节的现象，也就是"两层皮"，那么组织应该如何做呢？

① 组织在拟定食品安全管理体系文件时，应充分考虑现有业务流程，条件允许可以先用流程图的方式描绘现有各部门工作流程，如采购部工作流程及相应内容描述（图 6）。

② 把质量管理体系要求融入组织的实际业务管理流程中，通过贯彻标准要求，以更好地满足业务需求，达到所需的结果。具体需要做到：

在质量管理体系的设计与实施中：以组织的宗旨为出发点，与组织的企业精神、企业文化、经营理念紧密结合；以业务需求为驱动，以实现期望的业务结果、满足顾客要求为导向，体现组织生命周期的性质和特点；应将组织的知识，以及经实践证明行之有效的方法纳入进来，并将每个员工的职责与权限与其质量责任融合在一起进行考核和评价；应以是否能够提升组织实现其业务结果的能力，并实现组织的绩效为评价准则。

在业务工作的策划和实施中：将体系的要求贯穿其中，在业务工作过程中落实相关的体系要求和规定，确保各项业务工作具有稳定地提供或保障产品和服务的能力；在业务工作的规划、资源配置、责任落实、考核评价与改进等过程中，充分利用质量管理体系的基本方法，特别是过程方法、PDCA 方法、基于风险的思维方法。

组织资源包括人力资源、基础设施、原辅料及包材、组织知识、监视测量资源等，最高管理者应确保以上资源可获得，以保证食品安全。首先组织应具有足够的资金（或资本）；其次组织应有能力获得资源，如有渠道招聘到合适的人员、人才，有足够的信息获取基础设施提供方，或有足够的能力找到合适的供方。再次组织应具备监视方法，确保获得资源适合组织，确定可以保证食品安全。

最高管理者应确保法律法规要求、顾客要求以及食品安全管理体系要求在组织内得到有效沟通，确保组织内的全部员工有效理解以上要求的重要性，增强员工食品安全意识，培养企业食品安全文化。

组织应满足所在国的法律法规、当地政府发布的地方条例；组织还应把顾客要求传递到员工，确保员工正确理解，"顾客就是上帝"，不满足顾客的要求，企业是无法生存的，不满足顾客要求意味着企业将失去顾客，这一点绝大部分组织是有共识的；组织还应把食品安全管理体系的要求传达至员工，确保员工对 FSMS 充分理解，正确执行，保证条款全覆盖，充分且有效。

组织要策划食品安全管理体系评审方法，以保证策划的预期结果，也就是目标和绩效，评审方法包括：单项验证、内部审核、顾客（第二方）审核、认证机构（第三方）审核、管理评审等，形式和内容没有固定格式和方法，但至少应保证体系的所有条款都应该被评审到。

组织还应该策划食品安全管理体系保持的方法，如按照体系策划的文件要求保留记录，并定期检查记录是否按照要求填写、数据是否真实有效，为食品安全管理体系的目标和绩效的统计和分析提供基础数据，以持续改进食品安全管理体系，实现策划的预期结果。

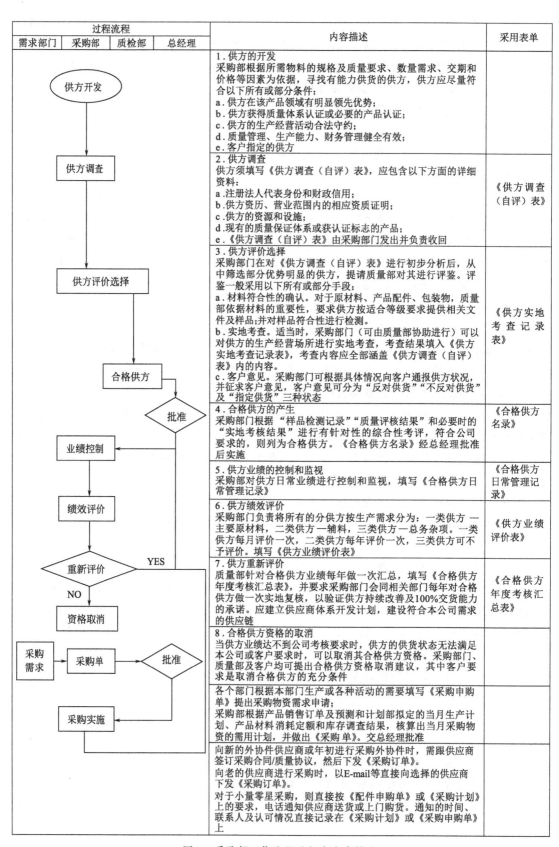

过程流程				内容描述	采用表单
需求部门	采购部	质检部	总经理		

过程流程图各步骤对应内容描述：

1.供方的开发
采购部根据所需物料的规格及质量要求、数量需求、交期和价格等因素为依据，寻找有能力供货的供方，供方应尽量符合以下所有或部分条件：
a.供方在该产品领域有明显领先优势；
b.供方获得质量体系认证或必要的产品认证；
c.供方的生产经营活动合法守约；
d.质量管理、生产能力、财务管理健全有效；
e.客户指定的供方

2.供方调查
供方须填写《供方调查（自评）表》，应包含以下方面的详细资料：
a.注册法人代表身份和财政信用；
b.供方资历、营业范围内的相应资质证明；
c.供方的资源和设施；
d.现有的质量保证体系或获认证标志的产品；
e.《供方调查（自评）表》由采购部门发出并负责收回
采用表单：《供方调查（自评）表》

3.供方评价选择
采购部门在对《供方调查（自评）表》进行初步分析后，从中筛选部分优势明显的供方，提请质量部对其进行评鉴。评鉴一般采用以下所有或部分手段：
a.材料符合性的确认。对于原材料、产品配件、包装物，质量部依据材料的重要性，要求供方按适合等级要求提供相关文件及样品；并对样品符合性进行检测。
b.实地考查。适当时，采购部门（可由质量部协助进行）可以对供方的生产经营场所进行实地考查，考查结果填入《供方实地考查记录表》，考查内容应全部涵盖《供方调查（自评）表》内的内容。
c.客户意见。采购部门可根据具体情况向客户通报供方状况，并征求客户意见，客户意见可分为"反对供货""不反对供货"及"指定供货"三种状态
采用表单：《供方实地考查记录表》

4.合格供方的产生
采购部门根据"样品检测记录""质量评核结果"和必要时的"实地考核结果"进行有针对性的综合性考评，符合公司要求的，则列为合格供方。《合格供方名录》经总经理批准后实施
采用表单：《合格供方名录》

5.供方业绩的控制和监视
采购部对供方日常业绩进行控制和监视，填写《合格供方日常管理记录》
采用表单：《合格供方日常管理记录》

6.供方绩效评价
采购部门负责将所有的分供方按生产需求分为：一类供方—主要原材料，二类供方—辅料，三类供方—总务杂项。一类供方每月评价一次，二类供方每年评价一次，三类供方可不予评价。填写《供方业绩评价表》
采用表单：《供方业绩评价表》

7.供方重新评价
质量部针对合格供方业绩每年做一次汇总，填写《合格供方年度考核汇总表》，并要求采购部门会同相关部门每年对合格供方做一次实地复核，以验证供方持续改善及100%交货能力的承诺。应建立供应商体系开发计划，建设符合本公司需求的供应链
采用表单：《合格供方年度考核汇总表》

8.合格供方资格的取消
当供方业绩达不到公司考核要求时，供方的供货状态无法满足本公司或客户要求时，可以取消其合格供方资格。采购部门、质量部及客户均可提出合格供方资格取消建议，其中客户要求是取消合格供方的充分条件

各个部门根据本部门生产或各种活动的需要填写《采购申购单》提出采购物资需求申请；
采购部根据产品销售订单及预测和计划部拟定的当月生产计划、产品材料消耗定额和库存调查结果，核算出当月采购物资的需用计划，并做出《采购单》。交总经理批准

向新的外协件供应商或年初进行采购外协件时，需跟供应商签订采购合同/质量协议，然后下发《采购订单》。
向老的供应商进行采购时，以E-mail等直接向选择的供应商下发《采购订单》。
对于小量零星采购，则直接按《配件申购单》或《采购计划》上的要求，电话通知供应商送货或上门购货。通知的时间、联系人及认可情况直接记录在《采购计划》或《采购申购单》上

图6　采购部工作流程及相应内容描述

28

ISO 国际标准化组织推出了 Annex SL 高阶结构，其中的"领导作用"明确提及领导在体系的建立、实施、保持中所起的作用，作为高级领导层应支持公司各级领导在食品安全管理体系建立、实施、保持中的领导作用，并为食品安全管理体系的有效性做贡献。

作为领导者，有责任在组织内部为员工提供必要的知识与技能方面的指导和帮助，营造一个良好的积极向上的氛围，使得员工能够全身心地投入到体系建设中，激励员工为质量管理体系有效性做出贡献，肯定员工的付出，奖励所取得的成果，促进全员积极参与实现质量目标和持续改进。

【应用案例】

西安某烘焙企业，由于面团搓圆在当时更多的是手工成型，为了提高工作效率，减少因手工成型造成的交叉污染风险，其中的一位主管在公司总经理支持下，发挥领导作用，带头和班组一起改进面包搓圆成型机，最终研制成功。此举大大地提高了工作效率，减少了微生物、物理性危害的交叉污染概率，体现了高级管理层支持中层或各级员工的主观能动性，发挥了领导作用，为食品安全管体系的有效性做出突出贡献。

食品安全管理体系本身在持续的发展中呈现螺旋式上升，也就是其中的目标和绩效是不断提高的，作为高级管理层应该时刻关注食品安全管理体系的目标和绩效考核，考核结果应是持续改进并上升，杜绝不符合项或改进项再次发生。

最高管理者应从决策层面，确定改进目标，制订改进计划，积极推动改进；要使改进自上而下推动，注重改进的总体策划、顶层设计。

推动持续改进的方法一般包括食品安全管理体系单项验证、内部审核、顾客审核、认证机构（第三方）审核、管理评审、不符合的纠正和纠正措施实施、召回/撤回的实施及应急响应的实施等。

领导和管理的概念是不同的，需要对两个概念进行区分。

领导是指运用权力指挥、带领、引导和影响下属为实现组织和群体目标而积极行动和努力工作的过程，是在一定的社会组织和群体内，为实现组织预定目标，领导者运用其法定权力和自身影响力影响被领导者的行为，并将其导向组织目标的过程。

管理是指在特定的环境下，管理者通过执行计划、组织、指挥、协调、控制等职能，整合组织的各项资源，实现组织既定目标的活动过程。它有三层含义：①管理是一种有意识、有目的的活动，它服务并服从于组织目标。②管理是一个连续进行的活动过程，是实现组织目标的过程，也是管理者执行计划、组织、领导、控制等职能的过程。由于这一系列职能之间是相互关联的，从而使得管理过程体现为一个连续进行的活动过程。③管理活动是在一定的环境中进行的，在开放的条件下，任何组织都处于千变万化的环境之中，复杂的环境成为决定组织生存与发展的重要因素。

最高管理者不仅要自己身体力行，支持其他管理者在其职责范围内的领导作用，确保组织内的岗位、职责和权限得到规定，还要鼓励支持组织内相关部门领导在其管辖的职责范围内开展食品安全管理体系的有效活动，充分发挥领导作用；把重视体系要求变为集体行为，光是最高管理者一个人是远远不够的，还要起到带头的作用，带领班子成员一起为体系建设做贡献。

5.2 方针

5.2.1 制定食品安全方针

方针是由最高管理者正式发布的组织的宗旨和方向。

食品安全方针由最高管理者制定，且与组织的战略方向相一致，适应组织的宗旨和环境。企业战略以维持企业长期成长、发展为目标，企业方针要应对各种可能出现的情况，为战略实施保驾护航。

【应用案例】

黑龙江飞鹤乳业有限公司的价值观体系：

使命：为家庭带来欢乐与健康。

致力于做健康的事业，为家庭提供精准营养解决方案和健康产品，帮助用户探索更健康的生活方式，用科技营养生命，用爱点亮幸福。

愿景：做最值得信赖与尊重的家庭营养专家。

在专注婴幼儿精准营养研究的基础上，汇聚整合全球顶尖研发资源，成为最值得用户信赖与尊重、服务家庭健康的专家。

4大价值观：以用户第一为核心，以行胜于言、互为成就、永进无潮为依托。

用户第一：尊重用户，对用户负责；给用户的永远比留给自己的好；想在用户前面，超越用户期待。行胜于言：说到做到，承诺必达；做实事，不空谈，用结果说话；不断复盘过程，发现并解决问题。互为成就：聚力产业链，共荣共赢；乐于挑战，向上生长；从小家到大家，永怀感恩。永进无潮：始终专业、专注、专一；科技引领，不设限、不拘泥，永远好奇并学习；长期主义，行稳致远。

质量、食品安全方针：持续改进，提供优质健康食品；真诚服务，不断满足顾客期望；打造全员、全过程、全产业链的质量和食品安全核心竞争力。

5.2.2 沟通食品安全方针

组织制定的食品安全方针应建立文件，并通过文件、培训、宣传、网站公示等方式进行沟通，以便所有员工能理解和应用食品安全方针，为实现食品安全方针发挥各自的作用。

当适宜时，可以通过合作、交流、网站公示等方式让相关方获知组织的食品安全方针。

5.3 组织角色、职责和权限

职责是指在职位上应承担的工作任务和责任。不仅规定部门的职责，还明确岗位的职责。

权限是指为了保证职责的有效履行，任职者必须具备对某事项进行决策的权力。常常用"具有批准……事项的权限"来进行表达。

明确食品安全相关岗位的职责和权限，并且通过沟通使岗位了解、理解自身的职责和权限，对企业的发展来说至关重要，可以保证决策的有效执行，充分发挥岗位职能，提高工作效率，否则很容易出现执行不力、工作推脱、责任推卸等现象。

由最高管理者任命食品安全小组组长，无论食品安全小组组长在组织中是否承担其他职责，但作为食品安全小组组长的职责和权限必须予以保证。

食品安全小组组长负责组织建立、实施、保持和更新食品安全管理体系。组织对食品安全小组成员进行培训，以确保小组成员具备相应的能力。食品安全小组不是摆设，应协助组长建立、实施、保持和更新食品安全管理体系，在组长的领导下开展各种食品安全小组活动，并实施危害分析工作，进行危害评估，选择控制措施并确认，以实现对显著食品安全危害的控制，建立和更新危害控制计划。

全员积极参与是食品安全管理体系的原则之一。体系不是一个人或几个人的体系，需要全体员工的参与。组织中任何一个环节、任何一个人的工作都可能直接或间接地影响食品安全，因此必须把所有人员的积极性和创造性充分调动起来，做到人人关心质量，人人关心食品安全，当发现和食品安全管理体系的有关问题时，应及时向指定人员报告，以便问题得到及时地处理和解决，及时预防和控制食品安全危害。

6　策划

6.1　应对风险和机遇的措施

风险：不确定性的影响。影响是指偏离预期，可以是正面的或负面的。需要注意的是，在策划 FSMS 时，要同时确定风险和机遇，风险是负面的，会对组织产生消极影响，而机遇是正面的，会对组织起到正向促进的作用，二者与预期的结果之间存在的差异则具有不确定性。组织应接受这种不确定性的存在，在开展项目或制定措施时，应制定应急方案或留出应急处理的时间。

确定风险和机遇时，应考虑组织的内外部环境、相关方的需求和期望以及管理体系的范围，考虑食品安全危害及危害控制中规定的相关过程要求。

因为组织内外部环境、相关方的需求和期望以及食品安全危害等都可能会发生变化，所以应及时识别变化，根据变化确定新的风险和机遇。

组织在确定风险和机遇后，可对风险进行评估（参见应用案例），根据风险的等级确定是采取纠正，还是需要制定纠正措施，措施应规定责任人、实施时间、实施内容等，制定措施后，应由相关责任部门负责在计划的时间内实施措施，并确定由谁来负责跟踪、评估措施的有效性。

组织在应对风险和机遇并采取措施时应考虑食品安全的要求、顾客的要求以及组织所在食品链中相关方的要求，比如国家每年会出台食品安全风险监测、食品安全监督抽检的相关要求，每年也会修订法律法规、标准等，组织制定措施时，首先应满足这些法规、标准和要求，确保在合规的前提下控制风险；再比如，顾客要求产品包装的安全性、要求及时处理顾客投诉等。

不同的组织对待风险的态度存在着较为明显的差异，有些组织可能会规避风险、消除风险源、改变可能性和后果，有些组织可能会根据实际情况将风险分担给其他相关方，有些组织可能更趋向于接受风险的挑战，为寻求机遇而承担风险、接受风险的存在，无论采取哪种措施，目的是实现对风险的有效管理，增加业务的可预见性，在确保食品安全的基础上提高企业的预期利润。

【应用案例】

风险和机遇的识别、措施的制定参见不同的可能性及影响程度对应的风险水平（表3）。风险评估常采用"风险矩阵"的方法，见风险水平及其对应的风险等级和措施（表4）。

表3　不同的可能性及影响程度对应的风险水平　　　　　　　　　单位：分

可能性	风险水平	影响(严重性)程度		
		轻微	主要	重大
		3	5	10
持续	5	15	25	50
频繁	3	9	15	30
偶尔	2	6	10	20
稀少	1	3	5	10

表4　风险水平及其对应的风险等级和采取措施

风险水平	风险等级	采取措施
≤10 分	低风险	纠正
15～20 分	中度风险	纠正措施
25～50 分	高度风险	纠正措施

组织应根据其对应的风险等级，确定采取措施的优先顺序以及是否需要采取纠正措施。

6.2　食品安全管理体系目标及其实现的策划

制定目标应与食品安全方针保持一致，并考虑法律法规要求、顾客要求等食品安全要求。可以采用 SMART 原则：

S＝specific：明确性，目标必须是具体的。

M＝measurable：衡量性，目标必须是可以衡量的，应该有一组明确的数据，作为衡量是否达成目标的依据。食品安全管理体系要求目标在可行的情况下应可测量。

A＝attainable：可实现性，目标必须在付出努力的情况下可以实现，避免设立过高或过低的目标。当目标过高，员工在付出极大努力的情况下也无法实现时，会产生挫折感，失去实现目标的信心，从而严重地影响员工的积极性，起不到对员工的激励作用；目标过低，员工不费劲就能轻松实现，这样目标也起不到激励作用，不能最大限度地调动员工的创造性和积极性，不能合理利用资源，促进企业发展。

R＝realistic：相关性，目标是实实在在的，可以证明和观察，并且与本职工作相关联。

T＝time-based：时限性，目标必须具有明确的截止期限。

目标分为长期目标、中期目标、短期目标。一般说来，短期目标服从于中期目标，中期目标服从于长期目标。长期目标与战略的时间跨度应当保持一致。

对制定的目标应进行监视和验证。策划目标时需策划好目标监视和验证的方法，比如每季度对目标的实现情况进行考核。

制定、发布目标时，应与相关责任部门、人员进行沟通，以便达成共识，并确保相关责任部门及时为实现目标落实责任人，制定针对性的措施，以确保目标的实现。

因为组织的不断发展，内外部环境及管理要求等的不断变化，目标也应根据这些变化适时进行更新。比如每年末对本年度目标进行评估，并根据下一年度组织经营计划、发展战略、体系管理要求等更新目标，在每季度前也可对目标提出更改意见，进行评估后确定是否对目标进行修订。

针对制定好的食品安全目标，组织应策划为实现目标应采取的措施，确定为实现目标要做什么，做多少，做到什么程度，需要什么资源，比如需要哪些部门支持，需要提供培训，需要寻找专家，需要购买或更新设施、设备，需要信息技术支持等。根据所确定的事项、岗位职责以及人员能力等确定谁来负责实施措施，在什么时间内完成措施，如何评价措施完成情况以及目标实现情况。

目标实现情况的评价，鉴于监督的要求以及专业技术水平的要求，一般由确定的主导部门组织多部门共同进行评价。

【应用案例】

企业食品安全目标，如：产品一次合格率、质量或食品安全事故率、产品抽检合格率、产品召回次数、消费者满意度等。参见（　　　）年目标分解（表5）。

6.3 变更的策划

当组织确定需要对食品安全管理体系进行变更时，如人员变更、工艺变更、设施设备变更、信息系统变更、供应商变更、产品变更等，应策划变更的方式、实施方法，并与相关人员进行沟通。

在策划变更时，应考虑变更的目的和潜在的后果（如是否存在违规风险，是否存在对食品安全产生不良影响的风险等）。变更需保持食品安全管理体系的完整性，并且需识别变更所需的资源，以及这些所需的资源是否可以获得，应根据不同的变更分配相应的职责和权限，必要时再分配职责和权限。

【应用案例】

在策划变更时，根据法规要求、组织管理需求等对变更进行分类，提交变更申请，对变更的质量、食品安全、安全等风险进行评估，对变更进行审核、归档等管理，参见变更分类及管理控制表（表6）、变更管理申请、评估、审批表（表7）。

表5 （ ）年目标分解

部门	考核事项	考核指标	权重	计算公式	目标值	评价原则	自评分数	数据来源	评价部门评价分数	审批
质量中心	产品质量	产品一次合格率	15%	产品一次合格率＝产品一次合格量/入库量×100%	≥××%	①合格率≥××%，得100分；②每降低1%减××分；③合格率＜××%，得0分		××上报数据		
	产品及时放行	5天产品及时放行率	10%	本季度5天放行批数/本季度成品批数×100%	≥××%	①及时放行率≥××%，得100分；②每降低1%减××分；③及时放行率＜××%，得0分		NC系统数据		
	实验室检测能力	CNAS认可及实验室外部能力验证满意率	20%	能力验证满意率＝能力验证满意项目/能力验证回复报告的项目总数×100%；说明：①Z小于等于2为满意；②能力验证包括有资质的实验室间比对、能力验证、测量审核	≥××%	①能力验证满意率≥××%，得100分；②每降低1%减×××分；③及时放行率＜××%，得0分		以能力验证样品发放机构报告书为依据汇总的能力验证结果汇总表		
	消费者满意度	A占4% B占4% C占3% D占4%	15%	投诉率（×10⁻⁶）（个）＝市场投诉（个）/工厂出货量（个）×1000000	A:×××(×10⁻⁶) B:×××(×10⁻⁶) C:×××(×10⁻⁶) D:×××(×10⁻⁶)	①达到目标得100分；②单项每上升0.1×10⁻⁶扣10分；③单项高于×××(×10⁻⁶)得0分		①投诉数据以××部提供数据为准；②"工厂出货量"数据以时间区间内工厂出库的最小包装单位累计计算；③含投诉的各渠道		
...	...	...	...	...	...	...				

表 6 变更分类及管理控制表

序号	分类序号	分类	1级子分类序号	1级子分类	2级子分类序号	2级子分类	是否需要发起变更申请	变更相关业务流程概述	对应输出文件/记录 OA固定表单/流程	其他文件/记录	变更主体	协同人	审批权限 低风险	中风险	高风险	知会人
1	01	公司经营资质	01	营业执照/生产许可证	00		否				工厂	××部				
2			02	配方注册/产品注册	00		是				××部	××部				
3	02	组织结构	00		00		否				××部	—				
…	…		…	…	…		…				…部	…				
71	12	产品立项	01	立项	00		否				××部	—				
72			02	设计与开发	00		否				××部	—				
73	13	产品精进	01	产品配方（常规）	00		否				××部	—				
74			02	产品配方（有机）	00		否				××部	—				
75			03	产品卖点	00		否				××部	—				
76			04	产品名称、规格（常规产品）	00		是				××部	××部				
77			05	产品名称、规格（有机产品）	00		是				××部	—				
78			06	产品包装（形式、材质等）	00		是				××部	××部				
79			07	产品标签（有机标识除外）	00		否				××部	—				
80			08	产品标签（有机标识）	00		否				××部	—				
81			09	产品保质期	00		是				××部	—				
82			10	工艺改进	00		是				××部	工厂				
83			11	检测设备、实验室、检测方法	00		是				××部	工厂				
84			12	其他	00		是				发起部门	视情况				
85	…		…	…	…		…				…部	…				

序号	分类序号	分类	1级子分类序号	1级子分类	2级子分类序号	2级子分类	是否需要发起变更申请	变更相关业务流程概述	OA固定表单/流程	其他文件/记录	变更主体	协同人	低风险	中风险	高风险	知会人
									对应输出文件/记录				审批权限			
157			01	标准、法规	00		否				××部	—				
158			02	清洗剂、清洁剂、消毒剂	01	供应商	否				××部	—				
159	22	清洗、清洁、消毒			02	辅料、包装、保质期、食品安全级别	是				××部	××部/工厂				
160			03	方法、工器具	00		是				工厂	—				
161			05	其他	00		是				发起部门	—				
…	…				…		…					…				
178	24	工艺	01	工艺流程、参数、操作规程	00		是				××部	工厂				
179			02	其他	00		是				工厂	××部				
180			01	流程、参数、操作规程	00		是				工厂	工厂/××部				
181	25	除工艺外其他生产过程	02	打码	01	底盖打码	是				××部	××部				
182					02	其他	是				工厂	—				
183			03	其他	00		是				工厂	—				
184			01	新增设施	00		是				××部/工厂	工厂				
185			02	新增设备	00		否				工厂	—				
186			03	厂房布局、设施、设备改造	00		是				××部/工厂	××部/工厂				
187	26	设施、设备（检验除外）	04	备件或部件更改	00		是				工厂/××部	工厂使用部门				
188			05	研发实验室设施、设备改造	00		是				××部	××部				
189			06	拆除、调转、闲置	00		是				工厂	××部				
190			07	安装临时设施、设备	00		是				工厂	××部				
191			08	其他	00		是				工厂	—				

序号	分类序号	分类	1级子分类序号	1级子分类	2级子分类序号	2级子分类	是否需要发起变更申请	变更相关业务流程概述	对应输出文件/记录 OA固定表单/流程	其他文件/记录	变更主体	协同人	审批权限 低风险	中风险	高风险	知会人
192	27	计量器具	01	新增	00		否				工厂	—				
193			02	拆除、调转、闲置等	00		是				工厂	××部				
194			03	检定、内部比对方法/频率	00		否				工厂	—				
195			04	其他	00		是				工厂	…				
…			…	…	…		…				…					
198	29	检验	01	关键试剂耗材	00	新增或更换供应商(生产商或代理商)	否					—				
199						配方、纯度、型号、材质等	是									
200			02	检验设备	00	新增或更换供应商(生产商或代理商)	否				工厂 实验室	—				
201			03	检验方法	00	拆除、调转、闲置等	否					—				
202			04	其他	00		是									
203			…	…	…		…				…	…				
…																

续表

序号	分类序号	分类	1级子分类序号	1级子分类	2级子分类序号	2级子分类	是否需要发起变更申请	变更相关业务流程概述	OA固定表单/流程	其他文件/记录	变更主体	协同人	低风险	中风险	高风险	知会人
210			01	新开发	00		否				××部	—				
211			02	系统优化	00		是				××部	各部门/工厂				
212					00		是				各部门/工厂	××部				
213	31	信息系统	03	信息存贮时间	00		是				××部	使用部门				
214					00		是				各部门/工厂	××部				
215			04	其他	00		是				发起部门					
…	…		…	…	…		…				…	…				

注：1. 是否需要发起变更流程、根据法规要求、组织管理需求等自行规定。
2. 相关业务流程概述、对应输出文件/记录，根据组织实际情况填写。
3. 根据风险评估的低、中、高风险设置不同级别的审批人。

38

表 7 变更管理申请、评估、审批表

第一部分：变更管理申请表

MOC 编号：		流水号：		
申请人		单位		
部门		申请时间		
预计审批时间		优 先 级	□紧急　　□非紧急	
起止时间		变更协调人		
变更描述	背景/原因			
	变更前		变更后	
	该变更可能引起的其他变更			
变更目的				
变更分类		1级子分类	2级子分类	
变更类型	□永久变更 □临时变更-期限≤90天(从同意变更可以执行之日起开始计算) □临时变更-期限>90天,原因说明(需说明原因,理由应充分,否则应执行永久变更)			
受影响产品	□部分产品,产品名称＿＿＿＿＿＿＿＿＿ □全部产品			
变更场所	□××工厂 □××工厂 □××工厂 □××工厂 □××工厂 □××工厂 □××工厂 □××工厂 □××部　 □××部　 □××部 □××部 □××部　 □××部 □××部 □××部 □其他:＿＿＿＿＿＿＿＿＿＿＿＿＿＿			
主要问题或需求				
成功标准及评价方法	成功标准: 评价方法:			
可行性分析	概述: 插入附件: 插入关联文档:			
变更方案	概述: 插入附件:			
变更排期	简述: 插入附件:			
补充说明				
直接上级确认	变更目的描述准确: □是□否	成功标准制定合理,有科学依据: □是□否,说明:	其他内容描述准确、充分: □是□否,说明:	
部门负责人确认	变更目的描述准确: □是□否	成功标准制定合理,有科学依据: □是□否,说明:	其他内容描述准确、充分: □是□否,说明:	

危害等级选择：

第二部分 A：质量和食品安全风险评估检查表

序号	项目	问题	评估部门及评估人	评估时间	回答	分数/分	变更审批前应完成工作			变更审批后，实施前应完成工作			风险描述	降低风险建议
							要求	需完成的OA固定流程	补充要求	要求	需完成的OA固定流程	补充要求		
1		这一变化是否涉及物料、产品、企业标准、验收标准、内控标准等标准的新增或修改			不适用	0	无附加要求	—	—	—	—	—	—	—
					不涉及标准的修改	0	无附加要求	—	—	—	—	—	—	—
					需新增或修改标准	5	提供标准修改稿及意见征求OA；相关人员培训计划	—	—	下发更新文件；完成相关人员培训且培训达到培训效果（现场操作符合性）	—	—		
2	质量/食品安全	这一变化是否变更改卫生工程、GMP、工业服务系统			不适用	0	无附加要求	—	—	—	—	—	—	—
					没有预期（不利）的合规性变化	0	无附加要求	—	—	—	—	—	—	—
					会影响到卫生工程、GMP、工业服务系统的合规性，且需更新增或修改相关文件	10	描述所采取的措施（可确保合规的非硬件修改措施），提供文件修改稿及意见征求OA；相关人员培训计划	—	—	措施有效关闭，确保合规，下发更新文件；完成相关人员培训且达到培训效果（现场操作符合性）	—	—		
					会引起卫生工程、GMP、工业服务系统类文件的变更，但不影响合规性	5	提供文件修改稿及意见征求OA；相关人员培训计划	—	—	下发更新文件；完成相关人员培训且培训达到培训效果（现场操作符合性）	—	—		

危害等级选择：

序号	项目	问题	评估部门及评估人	评估时间	回答	分数/分	变更审批前应完成工作			变更审批后，实施前应完成工作			风险描述	降低风险建议
							要求	补充要求	需完成的OA固定流程	要求	需完成的OA固定流程	补充要求		
3	质量/食品安全	这一变化是否引入新的清洗/消毒剂			不适用	0	无附加要求	—	—	—	—	—	—	—
					不会引入新清洗/消毒剂	0	无附加要求	—	—	—	—	—	—	—
					会引入新的清洗/消毒剂	5	新清洗/消毒剂被批准使用的证据；新清洗/消毒剂标准、验收、使用等相关文件草稿及意见征求；OA；相关人员培训计划；清洗/消毒有效性验证、确认方案更新	—	—	提供新清洗/消毒剂被批准使用的证据；下发更新文件；完成相关人员培训且达到培训效果（现场操作符合性）；清洗/消毒有效性验证报告				
4		这一变化是否需要修改或更新的清洁/卫生计划			不适用	0	无附加要求	—	—	—	—	—	—	—
					不影响清洁或卫生计划的变化	0	无附加要求	—	—	—	—	—	—	—
					清洁或卫生计划更改	5	清洁或卫生计划更新稿及意见征求，OA；相关人员培训计划，清洁/卫生效果验证，确认方案更新	—	—	下发更新文件；完成相关人员培训且达到培训效果（现场操作符合性）；清洁/卫生效果验证报告				

危害等级选择：

序号	项目	问题	评估部门及评估人	评估时间	回答	分数/分	变更审批前应完成工作			变更审批后/实施前应完成工作			风险描述	降低风险建议
							要求	需完成的OA固定流程	补充要求	要求	需完成的OA固定流程	补充要求		
5	质量/食品安全	这一变化是否需要修改或更新的HACCP计划			不适用	0	无附加要求	—	—	—	—	—	—	—
					HACCP计划不需更新增或修改	0	无附加要求	—	—	—	—	—	—	—
					HACCP计划需更新或修改	10	食品安全小组活动记录；HACCP计划更新稿及因其变化引起的相应程序/QMS更新稿；所有更新文件应征求OA；相关人员培训计划；CCP/OPRP验证和确认计划（涉及CCP/OPRP变更的）	—	—	下发更新的HACCP计划及相应更新的程序/QMS；完成相关人员培训目达到培训效果（现场操作符合性；CCP/OPRP验证记录（涉及CCP/OPRP变更的）	—	—		
6		这一变化是否存在交叉污染风险，是否需修改食品防护计划或食品欺诈缓解程序			不适用	0	无附加要求	—	—				—	—
					不存在交叉污染风险，不需修改食品防护计划或食品欺诈缓解程序	0	无附加要求	—	—				—	—
					存在交叉污染风险，需修改食品防护计划或食品欺诈缓解程序	5	风险分析及建议采取的措施；食品防护计划或修改食品欺诈稿或修改食品欺诈解程序（包括威胁性、脆弱性评估）	—	—	措施有效关闭证据，确保风险可控；下发更新文件；完成相关人员培训目达到培训效果（现场操作符合性）				

危害等级选择：

序号	项目	问题	评估部门及评估人	评估时间	回答	分数/分	变更审批前应完成工作			变更审批后、实施前应完成工作			风险描述	降低风险建议
							要求	需完成的OA固定流程	补充要求	要求	需完成的OA固定流程	补充要求		
7	质量/食品安全	这一变化是否需要更新或修改现有的质量监控计划			不适用	0	无附加要求	—	—	—	—	—	—	—
					没有新增或修改需求	0	无附加要求	—	—	—	—	—	—	—
					质量监控计划需要新增或修改	5	验证计划；质量监控计划更改稿；质量监控计划更改内容确认方案			验证报告；下发更新文件；完成相关人员培训且达到培训效果（现场操作符合性）；如进行了检验提供检验报告				
...		...			...	...	...							

影响等级选择：

序号	项目	问题	评估部门及评估人	评估时间	回答	分数/分	变更审批前应完成工作			变更审批后、实施前应完成工作			风险描述	降低风险建议
							要求	需完成的OA固定流程	补充要求	要求	需完成的OA固定流程	补充要求		
1	法律法规、标准	变更如何改变我们对质量/食品安全或其他监管机构或法律法规要求的合规状态（EHS相关法规除外）			不适用	0	无附加要求	—	—	—	—	—	—	—
					不存在不符合法律或监管要求的潜在风险	0	无附加要求	—	—	—	—	—	—	—
					不符合法律或监管要求的轻微/低微风险，被处罚或通报，以及影响配方注册、生产许可等办理的可能性很小	5	法规说明及纠正预防措施；措施所涉及的变更所启动的变更流程			法规、标准的发放及清单更新；纠正预防措施完成关闭；完成发起的变更流程				

影响等级选择：

序号	项目	问题	评估部门及评估人	评估时间	回答	分数/分	变更审批前应完成工作 要求	需完成的OA固定流程	补充要求	变更审批后，实施前应完成工作 要求	需完成的OA固定流程	补充要求	风险描述	降低风险建议
1	法律法规、标准	变更如何改变我们对质量/食品安全监管或其他法律或监管要求的合规状态（EHS相关法规除外）			不符合法律或监管要求的潜在风险很高，很可能被处罚或通报，或影响配方注册、生产许可等证件的持续办理	10	法规、标准等附件；不合规说明及纠正预防措施；措施所涉及的变更流程			法规、标准的发放及清单更新；纠正预防措施闭环；完成应发起的变更流程				
2	战略和规划	这一变化如何影响公司产品战略和规划			对公司产品战略和规划无影响	0	无附加要求	—		—	—		—	—
					将会使某个工厂某产品的布局发生变化	5	生产计划安排；市场部产品上市排期；相关审批材料	—		按生产计划，产品上市排期做好准备的相关证据				
					将会使某产品在公司各工厂的布局发生变化	5	生产计划安排；市场部产品上市排期；相关审批材料			按生产计划，产品上市排期做好准备的相关证据				
					将对其他方面产生影响	5	生产计划安排；市场部产品上市排期；相关审批材料			按生产计划，产品上市排期做好准备的相关证据				

续表

影响等级选择：

序号	项目	问题	评估部门及评估人	评估时间	回答	分数/分	变更审批前应完成工作			变更审批后，实施前应完成工作			风险描述	降低风险建议
							要求	需完成的OA固定流程	补充要求	要求	需完成的OA固定流程	补充要求		
3	品牌	这一变化如何影响公司品牌形象			不适用	0	无附加要求	—	—	—	—	—	—	—
					不会影响公司品牌形象	0	无附加要求	—	—	—	—	—	—	—
					可能会影响公司品牌形象	5	影响说明及修改纠正预防措施	—	—	纠正预防措施关闭	—	—		
4	工艺管理	这一变化是否需要新增或修改工艺参数、工艺操作规程			不适用	0	无附加要求	—	—	—	—	—	—	—
					没有新增或修改需求	0	无附加要求	—	—	—	—	—	—	—
					需要新增或修改工艺参数、工艺操作规程	5	工艺能力及成本评估；涉及工艺相关文件更改稿及意见征求OA；相关人员培训计划，工艺参数更改内容需确认方案	—	—	工艺能力及成本评估报告，下发更新文件；完成到培训效果（现场操作确认）且达到相关符合性；工艺参数更改内容需验证报告	—	—		
5	生产设施、设备、工业服务系统	此变更是否需要变更增加或修改生产设施、设备、工业服务系统			不需增加或变更	0	无附加要求	—	—	—	—	—	—	—
					需增加或变更设施、设备、工业服务系统才能确保符合性的，实施在文件关闭期限内可采取临时措施	3	临时措施；设施、设备、工业服务业务变更方案（必要的URS、招标、合同、采购/安装验证确认方案；食品级材料使用说明	—	—	临时措施有效关闭；设施、设备、工业服务务系统变更审批流程审批通过，除确认方案外，其他变更均已按要求变更内容完成；食品级材料相关证明	—	—	—	—

影响等级选择：

序号	项目	问题	评估部门及评估人	评估时间	回答	分数/分	变更审批前应完成工作			变更审批后、实施前应完成工作			风险描述	降低风险建议
							要求	需完成的OA固定流程	补充要求	要求	需完成的OA固定流程	补充要求		
5	生产设施、设备、工业服务系统	此变更是否需增加或要变更生产设施、设备、工业服务系统			需增加或变更设施、设备、工业服务才能确保合规，在文件期限内无法采取临时措施实施，但可在预计措施变更的实施，合规或变更实施的，但可在预计变更实施前完成变更的设施、设备系统变更	5	设施、设备、工业服务方案（必要）的URS、招标、合同、采购/安装/验证/确认方案；食品级材料使用说明			设施、设备、工业服务系统变更审批通过，其他变更要求均按变更完成要求，除确认认证外；食品级材料相关证明				
					需增加或变更工业服务才能变更设施、设备工业服务系统才能确保合规，但采取临时措施的实施，但在要求的CAPA关闭期限内无法采取临时措施或变更或变更的实施，且在预计变更时间前无法完成设施、设备、工业服务系统变更	回退变更	—	—	—	—	—	—	—	—

影响等级选择：

序号	项目	问题	评估部门及评估人	评估时间	回答	分数/分	变更审批前应完成工作 要求	需完成的OA固定流程	补充要求	变更审批后，实施前应完成工作 要求	需完成的OA固定流程	补充要求	风险描述	降低风险建议
6	产品质量或投诉	这种变化如何影响产品质量（感官、定性成分等），是否会增加投诉			不适用	0	无附加要求	—	—	—	—	—	—	—
					这种变化不会影响产品	0	无附加要求	—	—	—	—	—	—	—
					增加了产品质量控制的难度，可能会产生不合格品；对最终用户产生轻微的潜在影响，可能会增加投诉，但不会对消费者的健康造成伤害	5	需更改的文件稿；相关人员培训计划；潜在投诉风险分析和预防措施	—	—	下发更改的文件；完成相关人员培训且达到培训效果（现场操作符合性）；预防措施关闭	—	—		
					增加了产品质量控制的难度，可能会产生不合格品；对最终用户或产生中等潜在影响，可能会增加投诉，且可能会对消费者的健康造成伤害	10	需更改的文件稿；相关人员培训计划；潜在投诉风险分析和预防措施，应急处理程序回顾	—	—	下发更改的文件；完成相关人员培训且达到培训效果（现场操作符合性）；预防措施关闭，做好应急和危急处理准备	—	—		
7	产量、交付	这将如何影响工厂的产量、交付周期			不适用	0	无附加要求	—	—	—	—	—	—	—
					不影响产量、交付周期	0	无附加要求	—	—	—	—	—	—	—
					影响工厂的产量和交付周期	5	产量估计；产付周期影响说明，可采取的措施	—	—	措施关闭				

影响等级选择：

序号	项目	问题	评估部门及评估人	评估时间	回答	分数/分	变更审批前应完成工作			变更审批后，实施前应完成工作			风险描述	降低风险建议
							要求	需完成的OA固定流程	补充要求	要求	需完成的OA固定流程	补充要求		
8	成本	这种变化会影响生产或销售商品的成本吗			无负面影响	0	无附加要求	—	—	—	—	—	—	—
					将降低生产或销售商品的成本	0	无附加要求	—	—	—	—	—	—	—
					将增加生产或销售商品的成本	5	成本评估、资金使用计划	—	—	资金使用计划审批通过	—	—	—	—
					无影响	0	无附加要求	—	—	—	—	—	—	—
					对市场备货管理造成影响	5	影响描述及建议采取的措施	—	—	措施实施情况	—	—	—	—
9	验证	是否需要制定验证方案			—	低	验证豁免	—	—	验证豁免	—	—	—	—
					—	中	执行《验证程序》、确认管理验证方案	—	—	验证方案中涉及的所有相关材料	—	—	—	—
					—	高	执行《验证程序》、确认管理验证方案	—	—	验证方案中涉及的所有相关材料	—	—	—	—
...	...	...			...		...			...				

注：以上每个单项评估得分，得分为0分或3分时为低风险，评分为5分时为中风险，评分为10分时为高风险，根据风险等级选择不同级别的审批人员，风险越高，级别越高。

第二部分 B：EHS（环境/健康/安全）风险评估检查表

评估人：

评估日期：　　　　　年　　月　　日

项目	问题	答案	得分/分	总要求	变更审批前应完成工作		变更审批后，实施前应完成工作		风险描述	降低风险建议
					具体要求	需完成的OA固定流程	具体要求	需完成的OA固定流程		
人	需要专业人员施工、改造	否	0	专业人员资质确认	—	—	—	—	—	—
	需要改造人员持证上岗	是	1	证件的检查、留档						
	需要人员技能的提升	是	1	技能需求清单、培训计划						
	需要岗位人员接受有资质第三方专业培训	是	1	培训计划及考核						
	需要人员进行职业健康体检	是	1	体检及体检报告						
	需要岗位人员持证上岗	是	1	培训、考试、获取证书						
	个人防护用品的需求	是	1	个人防护用品清单、使用说明						
机	涉及使用特种设备（吊车、叉车）	是	1	特种设备检测证件						
	涉及使用超高、超宽、超重、超大设备	是	1	评估现场符合度						
	涉及使用常规机器	是	1	使用前的检测、确认						
	涉及新增加设备	是	1	机械安全的前置要求						
料	涉及使用的物料为新添加物料	是	1	原料使用所有相关材料						
	涉及的物料为化学品	是	1	化学品安全说明书（MSDS）						
	用过的物料归类为危险废弃物	是	1	回收管控						
	使用的物料为有毒有害气体	是	1	现场气体检测系统						

评估人： 评估日期： 年 月 日

项目	问题	答案	得分/分	总要求	变更审批前应完成工作		变更审批后/实施前应完成工作		风险描述	降低风险建议
					具体要求	需完成的OA固定流程	具体要求	需完成的OA固定流程		
法	法律法规相关限制	是	1	法律法规合规性评价及相关措施						
	变更时所涉及的方法为首次介入	是	1	风险评估及衍生的管控措施						
	操作流程/工作方法为首次介入	是	1	风险评估及衍生的管控措施						
环	对工厂环境所有改变-废水	是	1	回收管控						
	对工厂环境所有改变-废气	是	1	明确合规要求						
	对区域环境所有改变-噪声	是	1	流程建立						
	总分		25							

EHS 风险评估的风险等级判定及设计原则：

分数/分	风险等级	集团变更审批权限	工厂变更审批权限
0~8	低	EHS经理审批	工厂EHS负责人审批
9~15	中	EHS经理/生产管理部负责人审核，生产副总裁审批	工厂EHS负责人审核，集团EHS经理审核，工厂生产副经理审批
≥16	高	EHS经理/生产管理部负责人审核，总裁审批	工厂EHS负责人审核，集团EHS经理/工厂生产副经理审核，工厂经理审批

第三部分：变更申请审批

变更前应完成工作	采取的行动/结果	临时变更的恢复措施	质量成本 金额 C1/元	质量成本 详细计算步骤、公式与结果	负责人	完成时间	支持文件/说明	附件编码	审批人	意见
							插入附件： 插入关联文档：			□通过 □否决，描述： □有缺陷，缺陷描述： □重新进行可行性分析，返回到第一部分 □重新进行质量风险评估，返回到第二部分 A □重新进行安全风险评估，返回到第二部分 B □重新提供本部分的证明，说明材料 □制定并实施纠正预防措施后重新审批通过 部门/单位： 职务： 日期： 审批人：

审批结果

□通过
□否决、变更协调人选择：□变更终止 □返回第一部分 □返回第二
部分 A □返回第二部分 B □返回本部分证据/说明处
□重新进行可行性分析，返回到第一部分
□重新进行质量风险评估，返回到第二部分 A
□重新进行安全风险评估，返回到第二部分 B
□重新提供本部分的证明，说明材料
□制定并实施纠正预防措施后重新审批通过

纠正预防措施制定与实施

纠正预防措施		
措施实施情况	实施负责人：	
关闭纠正预防措施	验证人：	
再审批	□通过 □否决，返回到纠正措施 审批人：	□通过 □否决、返回到纠正措施 审批人：

第四部分：变更审批后、实施前准备工作清单及确认

变更审批后、实施前应完成工作	采取的行动/结果	偏差处理	未关闭偏差统计表	质量成本 金额 C2/元	质量成本 详细计算步骤、公式与结果	负责人	完成时间	支持文件/说明	附件编码	验证培训及准备相关材料	确认人	意见
								插入附件：插入关联文档：		插入附件：插入关联文档：		□符合要求 □不符合要求，不可接受，描述： □不符合要求，可接受，描述： 确认人： 职务： 部门/单位： 日期：

第五部分：变更执行和效果确认

序号	执行人	实施事项概述	实施目的	目的实现情况	成功标准	成功标准达成情况	完成日期	数据分析	偏差处理	未关闭偏差统计表	验证报告等材料	质量成本 金额 C3/元	质量成本 详细计算步骤、公式与结果	总质量成本 C1＋C2＋C3/元	确认人	确认结果
								插入附件：插入关联文档：	插入附件：插入关联文档：	插入附件：插入关联文档：	插入附件：插入关联文档：					□临时变更，期限为（ ）天 □永久变更 □变更终止 □重新评估 □有缺陷，需整改，整改建议： □有缺陷，可接受，临时变更，期限为（ ）天 □有缺陷，可接受，永久变更 确认人：　日期：

准备阶段未关闭偏差现状及下一步行动计划描述

说明：

插入附件：

描述人：

日期：

确认完成时间：

确认结论	□临时变更，期限为（ ）天 □永久变更 □变更终止	变更成功与否	□是 □否
	□重新评估 □有缺陷，需整改，整改建议： 选择人： 日期：	变更成功与否：	□是 □否

可接受偏差统计表（分析原因并制定纠正措施）：

负责人： 日期：

正式实施变更后需完成的确认，消费者投诉跟踪等事项描述

事项	描述	计划完成日期	跟踪人	跟踪结果
				跟踪结果描述： 插入附件：

临时变更移除

临时变更移除或恢复复查	检查结果描述： 检查人： 检查时间：

第六部分:资料归档			
变更知会			
存档资料信息(确认活动结束后5个工作日内完成)			
附件编码	名 称	数 量	日 期
变更协调人:		日 期:	

7 支持

7.1 资源

7.1.1 总则

组织应确定并提供所需的资源,以建立、实施、保持、更新和持续改进FSMS。

资源是组织建立、实施、保持和更新食品安全管理体系,实现食品安全方针和目标的必要条件,包括人员、基础设施、工作环境以及外部资源等。

组织在提供资源时,应考虑组织的性质、规模、方针、产品特性和相关方的要求,识别和确定组织建立、实施、保持和更新食品安全管理体系的资源需求,以及组织可提供这些内部资源的能力及局限性,以确保生产安全食品并满足相关方需求。

组织在提供资源时,可识别资源短缺或过剩的原因,并将其作为食品安全管理体系持续改进的输入,以确保组织在控制食品安全危害时,在实现其食品安全方针和目标的条件下优化资源配置,实现组织利润最大化。

7.1.2 人员

组织中所有从事影响食品安全活动的人员,包括食品安全小组的人员,应具备其任职岗位所要求的能力(见7.2),以胜任其所从事的食品安全工作。

当组织在建立、实施、运行或评估食品安全管理体系时,可以通过外聘专家弥补其人员在某些方面能力的欠缺,但需要以协议或合同的方式约定提供帮助的专家的职责和权限。当组织需要寻求外部审核或评价,证实其食品安全管理体系的符合性和有效性,并标明其控制食品安全危害的能力时,也应以认证合同或协议的方式规定提供体系评价服务的内容、所依据的标准、时间安排、完成期限、组织培训和支配人员的权限、保密承诺和健康证明等。

7.1.3 基础设施

基础设施是企业提供食品安全的必要前提,组织应确定、提供和维护过程运行所需要的基础设施，通常这些基础设施包括：建筑物、厂房相关设施、过程运行的设备（包括硬件和软件）、信息和通信技术。

对于设备管理，通常企业都建立有设备台账或者设备档案。一套完整的设备档案应包含以下内容：

① 设备履历表，包括设备名称、型号、使用地点、启动时间等。

② 设备的说明书原件、产品合格证、保修单、验收记录、安装调试报告。

③ 设备的操作规程及维护规程。

④ 设备的维护保养计划，保养记录，损坏、故障、改装或修理的历史记录，以及报废的记录。

7.1.4　工作环境

组织应提供适宜的工作环境，以便实现食品安全（food safety），标准中在注释里面举出了适宜的环境必须要包括以下三个方面：

第一，社会因素。社会因素包括无歧视、安定、无对抗等。"无歧视"细化来讲，就是指在雇佣、薪酬、培训、升职、辞退或退休方面，对任何人都不能因其种族、社会地位、国籍、宗教、年龄、残疾、性别、婚姻状况、性取向、所属工会和所属政党进行歧视。

第二，心理因素。心理因素包括减压、预防过度疲劳、稳定情绪等。细化来讲，比如超长时间加班、被虐待、被体罚、被威胁、被性虐和其他形式的骚扰、被辱骂和恐吓等人身伤害。

第三，物理因素。物理因素是最直观、最容易感受到的，如温度、热量、湿度、照明、空气流通、卫生、噪声。例如，工作场所过于闷热、湿度过高、灯光昏暗、噪声过大、卫生不良等给人一种不舒服的感受。组织在考虑这些因素的时候务必要在满足这些要求的时候还要达到食品安全管理体系标准条款的要求，特别是卫生方面，以防止对产品产生潜在的食品安全隐患。

上述三点是社会责任方面的要求，企业谋发展，企业要生存，不单单是要把产品卖出去，还应该体现出企业在经营过程中是否承担了相应的社会职责。例如现在很多国际化知名大公司，越来越注重社会责任，不仅要求产品质量稳定，更要求这些质量合格的产品是在员工比较享受这份工作的情况下生产加工出来的。不好的工作环境也会影响到员工，不良情绪的抒发必须有一个合适渠道，如果不去解决这些问题，那么很有可能造成蓄意危害，如投毒、故意投放异物等，导致食品不安全，进而引发食品安全事故。

7.1.5　食品安全管理系统的外部开发要素

对于欠发达组织或成长中的组织，有可能不具备自己建立或开发体系的能力，如果对于包括前提方案（PRP）、危害分析（hazard analysis）、危害控制计划（HACCP 或 OPRP）在内的 FSMS 管理体系要素，组织不具备建立、保持、更新或持续改进能力，可以选择外部专家或外部组织协助，但要求必须做到如下几点。

① 必须根据 ISO 22000：2018 标准进行开发，遵守其中要素的要求，不能自行更改其中的要求，或根据其他食品安全管理体系要求编写。

② 在建立体系过程中，外部专家或组织应充分了解该组织的场地、生产过程、产品特点等，在此基础上建立 FSMS 体系，以保证 FSMS 的适宜性。

例如：我们去买一双鞋，鞋的尺寸、样式必须符合个人特点，不能太大也不能太小，否则就不适合，体系开发也是一样的，必须和本组织相适宜，才能不制约组织的食品安全管理能力。

③ 食品安全小组应充分参与体系建立开发过程，以便更好地把握体系的适宜性，保证覆盖公司的生产过程及产品，以充分保证食品安全。

④ FSMS 要素的实施、保持和更新同样也要按照 ISO 22000：2018 标准进行，不能使用其他食品安全管理体系标准或其中的要素，时刻保持与 ISO 22000：2018 标准一致。

⑤ 所有的 FSMS 要素开发、实施、保持和更新形成的成文信息都必须保留，在此需要说明的是这里是要保留"记录"（此处的"记录"是旧版概念）。

7.1.6 外部提供的过程、产品或服务的控制

什么是"外部供方"？本标准没有定义，笔者看来，外部供方就是为组织提供过程、产品或服务的个人或者其他组织。一般来讲，我们经常将提供产品生产所用到的原辅料、包材和设备的外部供方称为"供应商"；承担组织的部分职能或过程的外部组织称之为"外包"。其实，这两者都是狭义上的"外部供方"。广义上的"外部供方"，除了上述两点，还包括很多，比如说，负责产品输送的物流供应商、承担产品检测的外部实验室、提供设备维护保养的服务供应商。

对"外部供方"该如何管理呢？在 ISO 22000：2005 标准中只有这样一句话提到：对采购材料（如原料、辅料、化学品和包装材料）、供给（如水、空气、蒸汽、冰等）、清理（如废弃物和污水处理）和产品处置（如贮存和运输）的管理，并没有涉及"供方"这个概念。在 ISO 22000：2018 标准中，在原文基础上，还提到了"供方"——"供方批准和保证过程（例如原料、辅料、化学品和包装材料）"。对外部供方的管理，本标准给出了答案，即要求"建立并实施对过程、产品和（或）服务的外部供方进行评价、选择、绩效监视以及再评价的准则"。在该条文中，"评价""选择""绩效监视"和"再评价"这四个词最重要。下面对它们做扼要阐述：

7.1.6.1 供应商评价

对外部供方进行评价就是要解决"好还是不好"的问题。在提出外部供方需求的时候，组织应该非常清楚需要外部供方提供什么过程、产品或者服务，这个过程、产品和服务要达到什么样的水平。在做评价的时候，要清楚知道从哪些方面来评价，也就是确定好还是不好的标准是什么。如果没有这些标准，评价只能是拍脑袋，不能保证客观公正。

供应商考核评估管理目前公认的七大指标体系包括：质量（quality）、成本（cost）、交货（delivery）、服务（service）、技术（technology）、资产（asset）、员工与流程（people and process），合称 QCDSTAP。

六西格玛管理中有句名言：你设立什么样的指标，就得到什么。换言之，你想得到什么，那就设立相应的指标。建立合理的指标体系，来引导个人和组织的行为，达到预期的目标，是目标管理的基本出发点，贯穿现代管理的每个环节，也适用于供应商管理。

供应商是公司的延伸。公司的成功离不开本身的努力，也取决于供应商的表现。合理的供应商绩效指标，不仅有利于激励供应商达到一定的目标，也益于统一供应商与公司的目标。

总体上，前三个指标各行各业通用，相对易于统计，属硬性指标，是供应商管理绩效的直接表现；后三个指标相对难以量化，是软性指标，但却是保证前三个指标的根本。服务指

标介于中间，是供应商增加价值的重要表现。前三个指标广为接受并应用；对其余指标的认识、理解则参差不齐，对其执行则能体现管理供应商的水平。

（1）质量（quality）指标

常用的是百万次品率。优点是简单易行，缺点是一个螺丝钉与一个价值10000元的发动机的比例一样，质量问题出在哪里都算一个次品。

质量成本（cost of poor quality，COPQ）弥补百万次品率的不足。其概念是造价不同的产品，质量问题带来的损失不同；同一次品，出现在供应链的不同位置，造成的损失也不一样（例如更换、维修、保修、停产、丧失信誉、失去以后生意等）。例如坏在客户处，影响最大，假设权重为100；坏在公司生产线，影响相当大，假设权重为10；坏在供应商的生产车间，影响最小，假设权重为1。该产品价格为1000元，在上述三个环节各出现次品一个，总的质量成本就是111000元（100×1000＋10×1000＋1×1000）。这个指标有助于促使在供应链初端解决质量问题，在一些附加值高、技术含量高、供应链复杂的行业比较流行。质量领域还有很多指标，例如样品首次通过率、质量问题重发率（针对那些积习难改的供应商）等。不管什么质量指标，统计口径一致，有可对比性，才能增加公司内部及供应商的认可度。质量统计不是目的，统计的终极目标是通过表象（质量问题）发现供应商的系统、流程、员工培训、技术等方面的不足，督促整改，达到优质标准。

（2）成本（cost）指标

常用的有年度降价。要注意的是采购单价差与降价总量结合使用。例如年度降价5％，总成本节省200万。在实际操作中采购价差的统计远比看上去复杂，例如新价格什么时候生效，采购方按交货日期定，而供应商按下订单的日期定，这些一定要与供应商事前商定。

多采购回馈是指当采购额超过一定额度，供应商给采购方一定比例的回扣。这个条款给购买双方动力来增加采购额。付款条件是指在公司资金宽裕的情况下，鼓励供应商提前领取货款，付给公司折扣。例如货到10天发款，给采购方2％的折扣等。这两个方面设立具体的指标也未必现实，很多公司把它算作年度采购价差的一部分。

有些公司也统计80％的开支花在多少个供应商身上。其目的是减少供应商数量，增加规模效益。具体指标很难定，因为不同公司、行业，即使同一公司在不同市场环境下，最佳供应商数量也不同。例如在买方市场下，供应商数量越小越好，这样规模效益好；但在卖方有产能限制、原材料不足等情况下，供应商多，采购方的风险就相对低。

（3）按时交货率（on time delivery）

与质量、成本并重。概念很简单，但计算方法很多。例如按件、按订单计算按时交货率都可能不同。一般用百分比。缺点与质量百万次品率一样：一个螺丝钉与一个发动机的比例相同。生产线上的人会说，缺了哪一个都没法组装产品。但从供应管理的角度来说，一个生产周期只有几天的螺丝钉与采购前置期几个月的发动机，还是不一样。对于供应商管理的库存（vendor managed inventory，VMI），因为有最低与最高库存点，按时交货可通过相对库存水平来衡量。例如库存为零，风险很高；库存低于最低点，风险相当高；库存高于最高点，断货风险很小但过期库存风险升高。这样，统计上述各种情况可以衡量供应商的交货表现。根据未来物料需求和供应商的供货计划，还可以预测库存点在未来的走势。

值得注意的是，成本、质量和按时交货应综合考虑。这些指标如果分归不同部门，部门间的推诿就可能很严重。例如在美国一些大公司里，成本归供应管理部门，质量由质量管理部门负责。为降低成本，供应管理部门力图到低成本国家采购；为确保质量，质量管理部门则坚决反对。两者的推诿旷日持久，往往导致全球采购战略失败。解决方法之一是让一个部门同时负责三个指标，促使其通盘考虑。上述三大指标可客观统计。尽管没有一种完美的统计指标，但只要统计口径一致，不同供应商之间、同一供应商的不同时期就有可比性，就能很好反映供应商的总体表现。

（4）服务（service）指标

服务没法直观统计。但是，服务是体现供应商价值的重要一环。服务在价格上看不出，价值上却很明显。例如同样的供应商，一个有设计能力，能对采购方的设计提出合理化建议，另一个则只能按图加工，哪一个价值大，不言而喻。

服务是无形的，在不同的公司、行业侧重点也会有不同。但共性是，服务都涉及人，可通过调查用户满意度来统计。例如公司期望供应商给设计人员提合理化建议、尽量缩短新产品的交货时间、主动配合质量人员的质量调查、积极配合采购人员的调度，那么公司可发简短的问卷给相关人员，调查他们对上述各项的满意程度，以及哪些地方需要改进。统计样本量大，统计结果便具有代表性。更重要的是，供应商得到的信号是，公司在统计他们的服务质量，任何一个人的意见都很重要。这样就可尽量避免只有主管机构才能驱动供应商的现象。

（5）技术（technology）指标

对于技术要求高的行业，供应商增加价值的关键是他们有独到的技术。供应管理部门的任务之一是协助开发部门制定技术发展蓝图，寻找合适的供应商。这项任务对公司几年后的成功至关重要，应该成为供应管理部门的一项指标，定期评价。不幸的是，供应管理部门往往忙于日常的催货、质量、价格谈判，对公司的技术开发没精力或没兴趣，在选择供应商时随随便便，为几年后的种种问题埋下祸根。对供应管理部门，技术指标还包括应用信息技术采购。这个指标有利于促进采购方、供应商利用先进技术，节省成本，提高效率。

（6）资产（asset）管理

供应管理直接影响公司的资产管理，例如库存周转率、现金流。供应管理部门可通过供应商管理库存（VMI）转移库存给供应商，但更重要的是通过改善预测机制和采购流程，降低整条供应链的库存。例如在美国半导体设备制造行业，由于行业的周期性太强，过度预测、过度生产非常普遍，大公司动辄注销几千万美金的库存。到头来，整个行业看上去赚了很多钱，但扣除过期库存，所剩无几。但有些公司通过改善预测和采购机制，成功地降低了库存，因而成为行业的佼佼者。所以，供应管理部门的绩效指标应该包括库存周转率。这样也可避免为了价格优惠而超量采购的行为。在供应商方面，资产管理体现供应商的总体管理水平。它包括固定资产、流动资产、长期负债、短期负债等。这些都有相应的比率，不同行业的标准比率可能不同，例如在加工行业，库存周转率动辄几十、上百，而在一些大型设备制造行业，一年能周转六次就是世界级水平。作为供应管理部门，定期（例如每季度）审阅供应商的资产负债表，是及早发现供应商经营问题的一个有效方式。现金流、库存水平、库存周转率、短期负债等都可能影响供应商的今后表现，也是采购方能否得到年度降价的保证。人们往往忽视供应商的资产管理。普遍想法是，只要供应商能按时交货，我才不管他建多少库存、欠多少钱。但问题是，供应商管理资产不善，成本必定上升。"羊毛出在羊身上"上升的成本要么转嫁给客户，要么就自己亏本而没法保证绩效。两种结果都会影响到采购方。在有些行业，换个供应商就行了，因为市场很透明，采购就像到超市买东西。但对更多的行业，换供应商会带来很多问题和不确定因素，成本很高。所以督促现有供应商整改达标往往是双赢的做法。

（7）员工与流程（people and process）

对供应管理部门来说，员工素质直接影响整个部门的绩效，也是获得其他部门尊重的关键。学校教育、专业培训、工作经历、岗位轮换等都是提高员工素质的方法。相应地可建立指标，例如100％的员工每年接受一周的专业培训、50％的员工通过专业采购经理认证、跳槽率低于2％等。

流程管理是优化与供应商有关的业务流程，比如预测、补货、计划、签约、库存控制、信息沟通等。供应商的绩效很大程度上受采购方的流程制约。例如预测流程中，如何确定最低库存、最高库存，按照什么频率更新、传递给供应商，直接影响供应商的产能规划和按时交货能力。再如补货，不同种类的产品，按照什么频率补货，补货点是多少，采购前置期是多少，不但影响到公司的库存管理，也影响到供应商的生产规划。

流程决定绩效。管理层可以通过动员、强调达到一时效果，但不改变流程及其背后的规则，这种效果很难长久维持。流程管理和改进的关键是确定目标和战略，书面化流程、实施流程，确定责任人并定期评估。在此基础上，开发一系列的指标，确保流程按既定方式运作，并与前面讲的按时交货率、质量合格率等挂钩。这样，从流程到绩效，再由绩效反馈到流程，形成一个封闭的管理环。值得注意的是，流程改进更多的是渐进而非革命，因为每个公司总有现行的流程，不大可能推倒重来，要通过不断微调来优化。

指标的价值在于其规范和引导行为。供应商管理的指标体系不但引导供应商的行为，也是评价供应管理部门绩效的重要依据。上面的七大指标体系，不同公司可在不同发展阶段制定相应的侧重点。具体指标上，要力求简单、实用、平衡。

7.1.6.2 供应商选择

对外部供方进行选择就是要解决"要还是不要"的问题。一般来说，不论是过程、产品或者服务，当要确定"外部供方"的时候，采购部门经常会找几家以供选择。作为组织，则需要知道如何选择，也就是说选择的标准是什么。我们做选择的目的是保证"外部供方"能够持续地提供合格的过程、产品和服务。很多公司在做选择的时候经常会倾向于物美价廉，这样的选择是很不明智的。"一分价钱一分货"，这是不变的真理。通过价钱来确定外部供方，后续造成的隐形成本损失估计都能超过价格低省下来的钱。

7.1.6.3 绩效监视

对外部供方进行绩效监视就是为解决"行还是不行"的问题。选择的外部供方做得怎么样，有没有按照当初预设的要求来实施，有没有达到预期。很多外部供方在前期还没有成为合格供应商之前，会想尽各种办法来成为组织的合格供应商，一旦成为合格供应商之后，又开始想尽各种办法削减成本，最后导致出现各种各样的问题。因此，组织需要对外部供方提供过程、产品和服务过程的绩效进行监视，以获得更多的数据，为后续的评价做准备。

7.1.6.4 再评价

对外部供方进行再评价就是为解决"留还是不留"的问题。外部供方辛辛苦苦做了一段时间，这个时间可以是一个季度，也可以是半年或者一年，最后获得了这段时间过程监视的数据，也就是绩效，我们可以根据绩效监视的结果对外部供方作再评价，这个"评价"与上面提到的"评价"意义是不一样的：前文中的"评价"是要看看它是否满足"外部供方"的条件；而这里的"评价"是要看看这个"外部供方"是不是继续保持为"合格外部供方"。

下面为某企业 QCDS 评分细则，仅作参考。

QCDS 评分细则

1 目的

为了对供应商公开、公正地进行 QCDS 评分，统一供应商考核标准，故制定本细则。

2 适用范围

部品部、PMC 部、采购部对 DEQ 供应商进行 QCDS 评分。

3 职责

① 部品部根据《技术/质量协议》统一制定供应商考核准则，并由 IQC 提供各类统计数据负责对质量方面（Q）及相应的服务（S）进行考核评分。

② PMC 部根据供应商每月的交货准时率进行考核，对交货方面（D）及相应的服务（S）进行评分。

③ 采购部根据供应商的价格、配合度进行价格方面（C）及相应的服务（S）的评分。

4 评分细则

（1）质量（Q）评分

部品质量等于进检批次合格率、部品上线失效率、质量稳定性、短料次数、混料次数考核项目单项评分总和的平均值，再减去重大质量事故扣除分数，如下：

$$质量（Q）= \frac{进检批次合格率＋部品上线失效率＋质量稳定性＋短料次数＋混料次数}{5}$$

$$-（35-重大质量事故）$$

（2）交货（D）评分

交货（D）根据供应商每月的交货准时率进行评分，

$$物料交货准时率 = \frac{月来货批次数-月不准时到货批次数}{月来货批次数} \times 100\%$$

考核类别	考核项目	考核标准		考核细则					
				35 分	30 分	20 分	10 分	5 分	0 分
部品质量（35分）	进检批次合格率/%	电子类部品	免检部品	35					
			非免检部品≥98%	≥98%	97.6%≤合格率<98%	97%≤合格率<97.6%	96%≤合格率<97%	95%≤合格率<96%	合格率<95%
		非电子类部品	≥95%	≥95%	94%≤合格率<95%	92.5%≤合格率<94%	90%≤合格率<92.5%	87.5%≤合格率<90%	合格率<87.5%
	部品上线失效率(PPM)	符合《技术/质量协议》		达到目标	达到目标120%	达到目标150%	达到目标200%	达到目标250%	超过目标250%

考核类别	考核项目	考核标准	考核细则					
			35分	30分	20分	10分	5分	0分
部品质量（35分）	质量稳定性	达标	达到目标	本月没达到目标	连续2个月没达到目标	连续3～4个月没达到目标（书面警告）	连续5～6个月没达到目标（停止采购）	6个月以上没达到目标（取消资格）
	短料次数/（次/月）	无	0	1	2	3	4	5
	混料次数/（次/月）	无	35分,无	10分,混料1次			0分,混料＞1次	
	重大质量事故	无（35分）	35分无重大质量事故	10分 包括:出现重大质量事故,通过供应商、IQC努力提供跟线处理或调换物料等手段而未造成停产			0分 包括:出现安全性能质量问题;导致生产线停产;售后批量性质量投诉;更换材料,以次充好	

考核项目	考核标准	考核细则				
		20分	15分	10分	5分	0分
准时交货（20分）	按交货协议准时交货 交货准时率＝100%	100%	≤98%～100%	≤95%～98%	≤90%～95%	＜90%或导致生产线停产

（3）价格（C）评分

① 价格（C）根据供应商产品价格、降价配合度及成本开放情况进行评分。

评分项目	考核标准	考核细则				
		25分	20分	15分	10分	0分
产品价格	价格在行业及现有供应商均较低	在行业较低,在现有供应商中价格最低	在行业一般,在现有供应商中价格最低	价格较高（较最低价高5%以内）	价格偏高（较最低价高5%～10%）	价格太高（较最低价高10%以上）
降价主动性	能主动进行降价	主动进行降价	在提出降价时最先降价	能即时跟进降价	被动跟进	不能跟进
开放实际成本	提供详细、正确成本构成分析	提供详细、专业、正确成本构成分析	提供一般、正确的成本构成分析	仅提供部分成本构成分析	不提供成本构成分析	提供错误的成本构成分析
新品报价	新品报价在行业及现有供应商均较低	报价在行业及现有供应商均较低	报价在行业一般,在现有供应商最低	价格较高（较最低价高5%以内）	价格偏高（较最低价高5%～10%）	价格太高（较最低价高10%以上）

注：多家供应商采购价格一致时,评分均往高分取。

② 评分方法：

$$价格(C) = \frac{产品价格 + 降价主动性 + 开放实际成本 + 新品报价}{4}$$

③ 如经确认存在价格欺骗则价格得分为 0 分。

（4）部品部、PMC 部、采购部将对相应的项目进行服务（S）评分

① 评分项目及每项评分。

考核类别	考核项目	考核标准	考核细则				
			20 分	15 分	10 分	5 分	0 分
服务（20分）	异常处理及时有效性	及时有效	4 小时内	8 小时内	16 小时内	24 小时内	不及时而停产、处理效果差
	品质改善及时有效性（进货检验验证）	及时有效	后续批次立即有效改善	第一批次未有效改善	连续两批次未有效改善（书面警告）	连续三批次未有效改善（停止采购）	连续四批次未有效改善（取消资格）
	整改报告及时准确性	及时准确	8 小时内	16 小时内	24 小时内	32 小时内	不及时、原因不准确
	交货周期	主动缩短交货周期	省内省外均 7 天内	省内 7 天省外 10 天内	省内 7 天省外 10 天内	省内 7 天省外 12 天内	省内省外均 14 天
	提供样品	100% 及时提供样品并能提供专业意见	100% 及时提供样品并能提供专业意见	100% 及时提供样品	90%～100% 及时提供样品	仅及时提供 85%～90% 以下样品	及时提供样品小于 85%
	响应合理要求	积极响应 DEQ 合理要求	积极响应 DEQ 合理要求	协商后能响应合理要求	被动响应合理要求	不响应合理要求	—
	跟踪回访	每月主动回访，采取措施改善问题	每月主动回访，采取措施有效改善问题	对反馈的问题能进行有效改善	对反馈问题有一定改善	被动改善，效果不明显	不作回访，不采取措施改善问题

② 评分方法：

服务(S)＝

$$\frac{异常处理及时有效性 + 品质改善及时有效性 + 整改报告及时准确性 + 交货周期 + 提供样品 + 响应合理要求 + 跟踪回访}{7}$$

QCDS 总分＝质量（Q）＋交货（D）＋价格（C）＋服务（S）

（5）供应商考核

① 根据供应商的 QCDS 得分，对供应商进行综合评级。

② 综合评级后实施如下原则。

QCDS 得分	综合评级	合作策略
100	A	可发展为战略伙伴合作关系
≤80～100	B	由我司帮助其进行改善
≤60～80	C	发整改通知,限期整改,连续两次 C,则评为 D
60 以下	D	取消合格分供方资格

7.2 能力

能力指应用知识和技能实现预期结果的本领。

需确定组织内人员（包括食品安全小组成员）以及外部提供者所需具备的可影响到食品安全绩效和食品安全有效性的能力。如原料供应商是否具备持续提供稳定、安全原料的能力，风险控制能力等；再如虫害服务商的虫害治理水平，实施风险分析和危害评估并提供解决方案的能力等。

"能力矩阵"可以直观地呈现员工的技能考核结果，既能让员工客观地评价自己，明确努力的方向，也可让管理者了解各岗位人员的能力水平，制定技能发展计划以提高员工能力，以确保员工能胜任本岗位要求。能力矩阵及技能提升发展计划详见应用案例的表8和表9。

提高员工能力的措施包括对在职人员进行培训、辅导或重新分配工作，或者雇用、外包胜任的人员。培训的难点在于培训需求的确定以及培训效果的验证。培训需求可通过能力矩阵针对员工需要提升的能力来确定，培训效果的验证可通过考试、现场操作考核、培训知识的转化及应用等方面进行验证。

【应用案例】

（ ）岗位能力矩阵参见表8；（ ）岗位技能提升发展计划参见表9。

表8 （ ）岗位能力矩阵

单位																
职位																
姓名																
需具备的能力	标准值	目标值	当前值	差距	标准值	目标值	当前值	差距	标准值	目标值	当前值	差距	标准值	目标值	当前值	差距

注:组织可根据需求设计分数值。

表 9 　（　　）岗位技能提升发展计划

技能描述	技能发展方式				技能发展目标	培养人员	发展计划描述	计划排期	支持人员	完成时间
	培训	操作	辅导	重新分配工作						

7.3 意识

　　首先我们要了解意识的概念，意识来源于人员认识自身的职责，以及他们的行为如何有助于实现组织的目标。那么食品安全意识就是员工认识自己的食品安全职责，指导其个人行为；良好的意识有助于实现公司策划的食品安全目标，并体现个人的食品安全价值。这里需要说明的是意识和组织文化之间的区别，意识是员工个体的食品安全认知，而文化是组织层面的，是团队统一的价值观、进而统一行为。

　　从上面的解读可以理解为什么标准要求员工充分理解质量方针、质量目标、对食品安全管理体系的贡献以及如果个人犯错或失误给食品安全带来的巨大影响。例如：当员工发现地面有一个螺丝钉，这时员工就应该通过从个人学习或经验中总结出来的食品安全知识，识别出一个螺丝钉带来的食品安全危害有多大，进而首先排除食品安全危害，然后分析螺丝钉的来源，从根源上杜绝此类危害的再次发生。

7.4 沟通

7.4.1 总则

　　① 快捷而有效的沟通可以加强理解，协调行动，增强体系运行的时效性和效率。组织应建立内部和外部沟通机制，规定沟通活动的人员职责、方式、时机和信息处置方法。

　　② 沟通包括：外部沟通，如与顾客、供应商、外包方、协作方、其他相关方和市场人员等的沟通；内部沟通，如公司高层与部门领导、部门之间、部门领导与下级等的沟通。

　　③ 沟通方式。会议、邮件、简报、传真、联络单、内部刊物、口头、电话、培训、文件发布、宣传、通知等，现在各公司还有 OA 或者企业微信等现代化的工具。

　　④ 使员工得到适当的信息，鼓励员工参与管理体系事务并做好如下几件事情：识别沟通的信息；确定信息传递者，规定相应职责；识别信息接收者，以确保有需要获得信息的人员能够获得信息；确定信息沟通方式，使信息沟通过程充分，有效和尽可能少失真；评估使用信息沟通渠道的有效性，沟通对象的充分性，以便对沟通过程予以改进。

　　⑤ 企业的沟通。如顾客投诉处理、与供应商签订购买合同、确定顾客要求等。

7.4.2 外部沟通

　　为了信息共享，提高食品安全危害识别与控制的效率，组织应与外部相关方建立良好的沟通机制。

外部沟通的主要相关方：

① 与外部供方和承包方进行充分、有效的沟通，可以使他们了解组织对食品安全的相关要求以通过合同、协议、邮件、信息化平台等方式达成共识；同时，也可以促进双方在食品安全管理方面的沟通，共同研究、解决食品安全方面的问题，有利于其提供的产品或服务更好地满足组织的要求，并有助于双方建立长期稳定的合作关系。

② 与顾客和/或消费者的相互沟通，有助于食品安全危害的识别与控制，如在标签上标明贮存温度、贮存条件等，提示或教育消费者正确使用或贮存产品以及接受和处理顾客和/或消费者的反馈信息，包括抱怨等。食品安全管理体系的管理原则之一就是"以顾客为关注焦点"，只有赢得和保持顾客与其他相关方的信任才能获得持续成功。

③ 与食品立法和执法部门、主管部门之间的沟通，可以帮助组织了解法律、法规的新信息，该行业当前的食品安全水平，确定本组织需达到的食品安全水平，并判断组织是否有能力达到该水平。

④ 与对 FSMS 的有效性或更新具有影响或将受其影响的其他组织的沟通，如获得认证的组织应及时将其体系变化信息告知认证机构，必要时包括认可机构、新闻媒体等，同时也应及时获取认证公司在食品安全管理体系方面的新要求。

外部沟通应指定专门人员，并规定其与外部进行有关食品安全沟通的职责和权限，以有利于信息的收集、传递和处置。沟通获得的信息是体系更新和管理评审的输入之一，需妥善保存。

7.4.3 内部沟通

组织的内部沟通效果决定了组织的管理效率，组织应制定、实施和保持一个有效的沟通体系，明确内部沟通的目的、内容、职责、方式等。对影响食品安全的事项进行及时、有效的沟通，确保食品安全小组能及时了解相关变化，以便对变化可能带来的潜在食品安全风险进行评估，适宜时修改危害控制计划。食品安全小组应确保食品安全体系的更新包括这些信息。最高管理者应确保将相关的食品安全信息作为管理评审的输入。

7.5 成文信息

7.5.1 总则

食品安全管理体系成文信息是体系运行的基础和依据，起到沟通和统一行动的作用。成文信息：组织需要控制和保持的信息及其载体。成文信息可以任何格式和载体存在，并可来自任何来源。成文信息可涉及：管理体系，包括相关过程；为组织运行产生的信息（一组文件）；结果实现的证据（记录）。载体可以是纸张，磁性的、电子的、光学的计算机盘片，照片或标准样品或它们的组合。

一个组织的食品安全管理体系文件应包括：

① 本文件要求的成文信息：应"建立"或应"保持"成文信息，如应急准备和响应、危害分析、纠正措施、撤回/召回等。

② 组织确定的、为确保 FSMS 有效性所需的成文信息：如产品标准、技术标准、卫生清洁计划等。

③ 立法、执法部门和顾客要求的成文信息和食品安全要求：如《中华人民共和国食品

安全法》要求食品生产经营企业应当建立健全食品安全管理制度、建立并执行从业人员健康管理制度、建立食品安全自查制度，定期对食品安全状况进行检查评价等；有些顾客会要求提供一些食品安全管理文件或提供通过食品安全管理体系认证的证书。

企业必须形成的成文信息如表 10 所示。

表 10 企业必须形成的成文信息

需建立、保持的成文信息	需保留的成文信息
确定食品安全管理体系的范围	与外部专家的合同协议
方针	食品安全管理体系的外部开发因素
食品安全管理体系目标及其实现的策划	外部提供的过程、产品或服务的控制
前提方案	能力证明
应急准备和响应	外部沟通的证据
危害分析的预备信息	可追溯系统证据
原料、辅料和与产品接触材料的特性	
终产品特性	
预期用途	
流程图	
确认流程图	
有关可接受水平及其理由的成文信息	识别和记录食品安全危害
危害评估	
控制措施的选择和分类	
控制措施及其组合的确认	
危害控制计划	保留实施证据
监视和测量的控制	监视和测量设备校准和检定结果
	PRP、CCP、OPRP 的验证结果
纠正、纠正措施	纠正措施记录
	潜在不合格产品的识别、评价、处置；产品放行的评价结果
撤回/召回	撤回/召回的原因、范围和结果；验证撤回/召回的实施和有效性的记录
	监视、测量、分析和评价
内部审核方案	实施审核方案以及审核结果的证据
	管理评审结果的证据
	不符合和纠正措施
	更新活动

7.5.2 成文信息的创建和更新

应对成文信息的标识、说明、编写、审核、批准进行管理，可以是任何形式的有效版本（如书面形式、电子版或图片）。文件的编号应是唯一的，由企业自行规定，可以由公司或部门的名称、文件的不同分类、文件的顺序号、文件的修改状态等组成。

7.5.3 成文信息的控制

应对成文信息的获得、保护、发放、访问、使用、更改及再次批准、储存、防护、保留和处置以及对外来文件管理等全过程的活动进行管理。目的是确保在需要的时间和场合，组织使用的文件都应是可获得的有效版本。

关注成文信息的备份及储存，以防止成文信息被损坏、烧毁、丢失等。成文信息的控制要确保文件的所有更改经过审核后再批准、发放和使用。

当下发新文件需保留旧文件时，应做好标识，并妥善保管以防止非有效版本被误用。

对成文信息的访问可以设置为仅查阅、可查阅并下载、可进行编辑等，以明确不同使用人员的不同权限，以防止文件的泄密或不当使用等。

新版标准所说的"所保留的作为符合性证据的成文信息"即是以前标准中所说的记录。记录是一种特殊的文件。应按照成文信息的控制要求进行管理。一旦填写内容后就作为提供完成活动的证据，从而成为记录，记录是不允许更新的，记录更改应规定更改要求，如需标明更改人、更改时间、更改原因等。

【应用案例】

现在各组织信息化系统管理越来越先进，因此文件的管理除少量必须的纸版形式外，已逐步实现无纸化，并可通过 OA 系统、PLM 系统等多种方式进行审批、发放、保存等。

可参见《文件/记录管理程序》及文件管理相关记录（表 11～表 18）。

《文件/记录管理程序》

1　目的

为建立有效的文件/记录管理系统，确保相关人员能获得和使用文件的有效版本，特建立本程序。

2　范围

适用于××××所有文件、记录的管理。

3　依据（略）

4　术语和定义（略）

5　职责（略）

根据组织的职责进行编写。

6　工作程序

6.1　文件管理流程

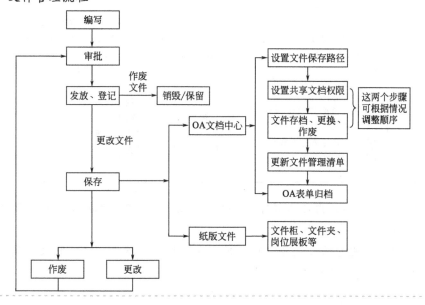

6.2 文件分类（略）

根据体系要求及组织需求对文件进行分类，对文件、记录、外来文件进行管理。

6.3 文件/记录保密要求

分为 A 类（机密）、B 类（秘密）、C 类（内部使用）、D 类（公开）四个等级。

内容	A 类(机密)	B 类(秘密)	C 类(内部使用)	D 类(公开)
定义	高度敏感信息，仅限于××特定高级管理层及少数特定部门或岗位使用，此类信息的对外泄露可能对公司造成非常重大的不良影响	仅限于××内部特定部门或岗位以及被授权的第三方使用，此类信息的对外泄露可能对公司造成较大不良影响	仅限于××内部或经授权的第三方使用，此类信息的对外泄露会对公司造成不良影响但影响程度较小可控	可以对外公布的信息
传播要求	禁止在公司内部广泛发布，必须经过授权并基于"知所必知"原则在少数特定部门和岗位内部/之间使用。信息使用需记录，确保传输途径可追溯。会议形式需控制参会人员范围，参会人员需登记并宣布保密要求，不得拍照，不得通过微信和 QQ 发送	禁止在公司内部广泛发布，必须经过授权并基于"知所必知"原则在特定部门和岗位内部/之间使用。传播途径可追溯。会议上不得拍照，不建议通过微信和 QQ 发送	通过公司内部途径进行发布，包括 OA 系统、公司邮箱系统、公司内部会议等	通过统一途径对外公布，包括公司官网、公司组织的对外会议等
文件标识	文件需加"机密"字样	文件需加"秘密"字样	文件需加"内部使用"字样	没有限制
电子文件要求	只读模式、必须加密	只读模式，建议加密	没有限制	没有限制
纸质文件要求	不得打印，特殊情况打印需经过授权并使用专属打印机。作废文档必须碎片化处理	不得随意打印，如必须打印时，需经过授权。作废文档必须碎片化处理	可打印，作废文档应标记	没有限制
存储要求	OA、ERP 系统等。需对存储信息进行登记	OA、ERP 系统等。需对存储信息进行登记	OA、ERP 系统及员工电脑、纸质文件由信息主责部门保存在公司内部指定位置	没有限制
人员要求	接触人员必须经过授权，必要时需签订专门的保密协议；离职人员需与信息主管部门负责人进行信息交接	接触人员必须经过授权，且需签订保密协议；离职人员需与信息主管部门负责人进行信息交接	所有公司员工	没有限制

依据以上要求对组织内部的信息、文件进行统计、分类，并按分类进行管理（略）。

6.4 文件编写要求总则

① 文件编写应避免长篇大论，尽量使用流程图、表格等方式，使文件简洁、直观、易于快速识别、理解与执行。

② 文字表达应完整、清晰、易懂、准确、简明、逻辑严谨、无歧义、选用合适的语言并详尽阐述，避免产生不易理解或有歧义的可能性，以便相关的员工正确应用。标准的图样、表格、数值和其他管理内容也应正确无误。

③ 使用的术语、符号、代号应统一，并与其他的有关标准一致。同一术语应表达同一概念，同一概念应采用同一术语来表达。类似部分应采用相同的表达形式与措辞。

④ 部门、岗位名称与职责应与集团相关规定一致。

6.5 文件/记录基本格式及示例

① 文件/记录基本格式示例及要求（略）

② 文件正文条款号的规定（略）

③ 文件编码规则（略）

规定编码的格式、码段的含义、部门代码、文件序号、版本/修改状态等。

④ 文件编码示例（略）

6.6 文件审批、发放与登记

① 文件运行的状态在文件控制表中标明，分为：试行、新建、更改。

② 正式发放之前应在OA系统中将文件发至相关部门征求意见（除了因已知的部门名称变更、法人变更，或通过会议等形式已和所有相关部门达成共识的，或修改内容单一、沟通简单且已进行过充分沟通的内容），征求意见期间文件不生效。

③ 审批权限、发放流程（略）

根据组织架构、文件分类、管理需求等设计文件的审批权限、发放流程。

④ 注意事项（略）

6.7 文件的保存及OA系统文档中心文件共享平台维护（略）

明确文件在审批、发放后如何保存，如何共享，如何更换及作废（包括作废保留和作废销毁）等。

6.8 文件的培训、执行、检查、反馈与评审（略）

文件发放后，应由编写部门组织对相关人员进行培训，并对相关部门执行情况进行检查，对文件进行评审，使用部门在使用中发现问题应及时反馈，以便编写部门及时对文件进行更改。

6.9 文件更改（略）

规定文件更改的条件，文件更改的审批、发放、保存、作废等要求同上。

6.10 记录管理（略）

空白记录是一种特殊的文件，按以上要求进行管理。

此处对已填写完记录的管理要求进行规定，包括记录的填写、检查/复核/审核、记录收集、保存、检查、查阅、处理等。

7 相关文件（略）

8 相关记录（略）

9 附则（略）

为提高工作效率，文件审批及发放可在OA系统中设计固定流程，示例如表11～表18所示。

表 11　集团文件审批及发放登记表

编号：

标题				
申请单位		申请部门		
申请人		申请日期		

文件编写部门发放管理

文件发放清单：

序号	文件名称	文件编号	生效日期	版本/修改状态

插入附件（除记录及 Excel 格式文件外均为 PDF 格式）：

文件审批/发放 类别选择	□集团手册（含战略/方针、目标）、食品防护计划等 □中心实验室文件、记录 □质量管理部其他程序文件 □质量管理部其他规范/SOP、记录等 □创新中心原料/包材质量标准 □创新中心其他文件 □其他文件、记录 □外来文件：法律法规和相关要求、标准等
是否首次发放/作废	□是　　□否
电子版文件发放范围	分公司，请选择： □×× □×× □×× □×× □×× □×× □×× □××
	□××负责人 ■××体系管理人员（共享所有文件、记录）
	集团、事业部其他主要部门负责人及文件管理员，请选择： □××中心实验室 □××中心 □××部 □××部 □××部 □×× □××部 □××部 □××中心 □××中心 □××部 □××部 □××部 □××部 □××部
	其他需发放电子版文件的部门名称　　[　　] 手动选择相关部门的人员　　[　　]

发文原因（新下发文件时填写此项）：

更改原因及内容（更改文件时填写此项）：

插入附件：

作废保留/销毁管理

作废保留/销毁原因：

文件作废保留/销毁清单：（可自动加行）

序号	文件名称	文件编号	版本/修改 状态	作废销毁数量和范围 （电子版/纸版）	作废保留数量和范围 （电子版/纸版）	应作废 保留日期	应销毁 日期

备注：申请人需按以上日期、数量、范围等要求及时作废保留和作废销毁文件。

文件归档	
下发文件归档目录	☐
作废保留电子版 文件归档目录	☐

审批
直接上级审核： 审核人：　　　　　　年　月　日
部门负责人审核/批准： 审核/批准人：　　　　　年　月　日
部门分管领导审核/批准： 审核/批准人：　　　　　年　月　日
总裁批准： 批准人：　　　　　　　年　月　日

分公司文件发放人发放管理

1.电子版文件加签：(在批准后、实施日期前就加签给相关人员,用于培训等准备工作)

按实际所需发放范围填写并加签给本公司电子版文件接收人。

序号	公司名称	文件名称	文件编号	分公司需发放电子版文件的部门及份数

注:分公司质量部负责文件发放的人员需共享所有文件和记录。

2.纸版文件加签：

按实际所需纸版文件发放范围填写并加签给纸版文件接收人(只接收纸版文件的签收人请在收到纸版后再签字)。

序号	公司名称	文件名称	文件编号	纸版文件 发放日期	分公司需发放纸版文件的 部门及份数、分发号

注:分公司质量部负责文件发放的人员需共享所有文件、记录。

3.作废文件加签：

按实际需要作废保留或销毁的文件范围填写并加签给相关人员。

序号	公司 名称	文件 名称	文件 编号	分公司应作废保留 文件的部门及份数、 分发号(电子版/纸版)	作废保留日期	分公司应作废销毁 文件的部门及份数、 分发号(电子版/纸版)	销毁日期

表 12　分公司文件审批及发放登记表

编号：

标题			
申请单位		申请部门	
申请人		申请日期	

文件编写部门发放管理

文件发放清单：

序号	文件名称	文件编号	生效日期	版本/修改状态

插入关联文档（除记录及 Excel 格式文件外均为 PDF 格式）：

文件审批/发放 类别选择	□实验室—质量文件和记录 □实验室—技术文件和记录（微生物领域） □实验室—技术文件和记录（化学领域） □其他质量部文件和记录 □除质量部以外的包含关键工艺参数的文件（未作为文件附表下发的记录除外） □其他文件和记录
是否首次发放/作废	□是　□否
文件发放范围	1.电子版/纸版文件发放范围： □实验室体系管理人员（共享 1,2,3,4 类文件、记录） ■质量部（文件发放人员，共享各自分公司所有文件、记录） □行政部（文件发放人员，共享各自分公司除质量部外的所有文件和记录）
	2.□其他需发放电子版文件的部门名称及份数：＿＿＿＿＿＿＿＿＿＿ 注：此处选择可在系统中手动选择部门　　[　　]
	3.□其他需发放纸版文件的部门名称及份数：＿＿＿＿＿＿＿＿＿＿ 注：此处选择可在系统中手动选择部门　　[　　]

发文原因（新下发文件时填写此项）：

更改原因及内容（更改文件时填写此项）：

插入附件：

作废保留/销毁管理

作废保留/销毁原因：

文件作废保留/销毁清单：

序号	文件名称	文件编号	版本/修改 状态	作废销毁数量和范围 （电子版/纸版）	作废保留数量和范围 （电子版/纸版）	应作废 保留日期	应销毁 日期

备注：申请人需按以上日期、数量、范围等要求及时作废保留和作废销毁文件。

文件归档		
下发文件归档目录	☐	
作废保留电子版文件归档目录	☐	

审批

实验室质量负责人审核：

审核人：　　　　　　　年　月　日

实验室技术负责人(微生物领域)审核：

审核人：　　　　　　　年　月　日

实验室技术负责人(化学领域)审核：

审核人：　　　　　　　年　月　日

实验室主任批准：

批准人：　　　　　　　年　月　日

车间/部门负责人审核：

审核人：　　　　　　　年　月　日

分公司副经理审核/批准：

审核/批准人：　　　　　年　月　日

质量受权人批准：

批准人：　　　　　　　年　月　日

分公司经理批准：

批准人：　　　　　　　年　月　日

文件的发放、作废等记录示例如下。

表 13　(　　　) 文件发放清单

编号：

序号	文件名称	文件编号	文件版本号	编写部门	批准日期	实施日期	电子版					纸版		备注
							发放范围	原发放人	转发人	转发范围	发放范围和数量	发放总数量	发放人	

表 14　(　　　) 文件清单

编号：

序号	文件名称	文件编号	文件版本号	文件实施日期	页码

编号：

表 15 （　　　　　　　）外来文件清单

序号	来源	外来文件名称	外来文件编号	版本号	类别	获取人	转发范围和数量	页码

编号：

表 16 （　　　　　　　）记录发放清单

序号	记录名称	记录编号	批准日期	实施日期	编写部门	保存期	电子版				纸版			备注
							发放范围	原发放人	转发人	转发范围	发放范围及数量	发放总数量	发放人	

编号：

表 17 （   ）记录清单

序号	记录名称	记录编号	保存期	页码

编号：

表 18 （   ）文件/记录销毁/保留清单

序号	文件/记录名称	文件/记录编号	文件版本号	原文件实施日期	原文件发放人作废保留电子版范围	文件转发人作废保留电子版范围	作废保留纸版范围及数量	原文件发放人销毁电子版范围	文件转发人销毁电子版范围	销毁纸版范围及数量	作废保留/销毁日期

8 运行

8.1 运行的策划和控制

运行的策划和控制实际是 PDCA 循环的体现，从运作的策划和控制（图 7）可以看出，策划阶段包括前提方案、可追溯性系统、应急准备和响应、危害控制计划、验证策划；而（食品安全）策划的实施、监视与测量的控制、产品和过程不符合的控制则是实施阶段；验证活动和验证活动结果的分析作为检查阶段；与危害分析相关的信息更新则作为处置阶段。

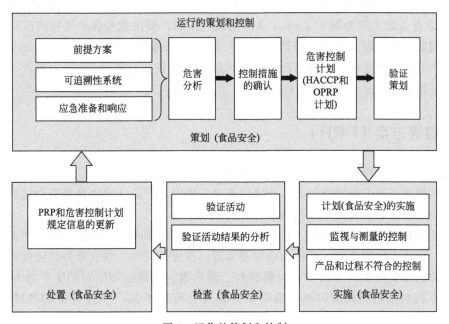

图 7 运作的策划和控制

下面详细说明。

① 首先要了解第 8.1 条款的作用，才容易把握审核时的关注点。本条款主要是要求组织识别并规定如何实施运行并控制，才能完成向顾客交付产品或服务，包括外包。在一般的组织内，可以体现为以顾客或产品为导向的流程，从寻找客户开始到生产服务再到客户交钱购买并满意为止的全部过程。

② 要关注策划时是否考虑了风险、目标、变更等，就是如何实现年初或月度的工作计划，需要做哪些工作。

③ 要关注范围内的产品和服务的要求是否明确，即有无产品标准、服务标准、适用的法律法规、客户的特别要求（如招标文件、售后服务、回收）等。

④ 要关注有无执行或检查的规则，如原料采购验收标准、半成品或成品验收标准、检验计划、工艺巡检标准与计划、外包方资质要求、投标人资质要求等，注意包括风险应对措施的有效性评估等。

⑤ 要关注是否确定并提供了资源，现有的资源是否达标，如人员配备、生产线状况、物流单位的选择等。

⑥ 要关注是否按规定的流程、规程、检验检查要求实施了控制。可以通过运行记录与规则对照进行审核确认。

⑦ 要关注策划形成的生产作业文件、技术规程标准文件、检验检查文件与配套记录是否适宜恰当，如对于一些关键过程要有作业指导书，对于影响质量或需要追溯的点要有记录等。

⑧ 要关注不同文件之间的规定是否一致，如车间的规程与公司的工艺规程要求参数不一致，需要在策划时进行关注并做调整。

⑨ 要关注在策划的文件中是否考虑了可能的变更，如应急准备和响应、应急预案、开停机紧急情况等。

⑩ 要关注是否对外包过程进行了相应的要求策划，如是否有合作方基本条件等。

⑪ 注意此条款主要为第 8.2～8.7 条款的统一策划，要注意与各子过程的区别，特别是各子过程间的关系处理。第 8.1 条款注重第 8.2～8.7 条款的策划，而第 8.2～8.7 条款更注重于条款内容的有效运行，故审核时要注意区别第 8.1 条款与第 8.2～8.7 条款，要看是策划问题还是运行问题。

8.2　前提方案（PRP）

前提方案是在组织和整个食品链中为保持食品安全所必需的基本条件和活动。组织建立、实施和保持前提方案的目的是防止食品安全危害引入产品，控制食品安全危害在生产过程、产品及其存在环境间的交叉污染和污染后的水平。

食品链中有不同类型的组织，它们从事的食品生产活动不同，包括饲料生产者、初级食品生产者、食品生产制造者、运输和仓储经营者、零售分包商、餐饮服务与经营者，以及与其密切相关的其他组织，如设备、包装材料、清洁剂、添加剂和辅料的生产者和相关服务提供者。不同类型组织要求的基本条件和活动也会有所不同，前提方案的等同术语示例如下：

① 良好农业规范（GAP）：初级生产者（如农民、渔民）的生产操作规范。这些规范是生产安全卫生的、符合食品法律和法规要求的农产品所必需的要求，主要针对未加工或初加工、出售给消费者或加工企业的农产品种植、养殖、捕捞、包装和运输过程和活动的基本要求。例如，GB/T 20014 系列标准，包含了 20 多个部分，分别规定了农场、作物、大田作物、水果和蔬菜、畜禽、牛羊、奶牛、猪、家禽、禽畜公路运输、茶叶、水产养殖、花卉和观赏植物、蜜蜂等的控制点与符合性规范；其他的还有一些农业标准、地方标准可查询使用。

② 良好兽医规范（GVP）：是由欧洲兽医联盟（FVE）制定的，在欧盟各国普遍实行的一种官方兽医资格认定制度。它结合兽医的工作特点，借鉴和引用了 ISO 9000 标准的术语和方法，对兽医工作进行了全面界定、规范和要求，以确保兽医服务的质量。

③ 良好操作规范（GMP）：企业在原料、人员、设施设备、生产过程、包装运输、质量控制等方面达到国家有关法规的要求，形成一套可操作的作业规范。例如，《食品安全国家标准　乳制品良好生产规范》（GB 12693—2010）、《食品安全国家标准　粉状婴幼儿配方

食品良好生产规范》（GB 23790—2010）、《食品安全国家标准　特殊医学用途配方食品企业良好生产规范》（GB 29923—2013）、《食品包装容器及材料生产企业通用良好操作规范》（GB/T 23887—2009）、《罐头食品企业良好操作规范》（GB/T 20938—2007）、《大米加工企业良好操作规范》（GB/T 26630—2011）、《肉类制品企业良好操作规范》（GB/T 20940—2007）、《啤酒企业良好操作规范》（GB/T 20942—2007）等。

④ 良好卫生规范（GHP）：是确保食品从最初产品到最终消费全过程的质量和食品安全的环境条件。包括食品链中所有食品的卫生控制、储存、加工、分销和零售等环节的基本准则。例如，《食品安全国家标准　包装饮用水生产卫生规范》（GB 19304—2018）。

⑤ 良好生产规范（GPP）：是建立在科学依据和普遍被接受的原理基础上的规范。我国新制定的良好生产规范，多为在原料卫生规范基础上增加品质管理、技术要求等内容修订更名而成，如《食品安全国家标准　蜜饯生产卫生规范》（GB 8956—2016）、《食品安全国家标准　饮料生产卫生规范》（GB 12695—2016）、《保健食品良好生产规范》（GB 17405—1998）、《白酒企业良好生产规范》（GB/T 23544—2009）、《坚果与籽类炒货食品良好生产规范》（GB/T 29647—2013）、《消毒剂良好生产规范》（GB/T 38503—2020）等。

⑥ 良好分销规范（GDP）：作为质量保证的一部分，确保产品在适合的卫生条件下根据销售要求或者产品说明实施存储、搬运和分装。例如，《农副产品绿色批发市场》（GB/T 19220—2003）。

⑦ 良好贸易规范（GTP）：是随着国际贸易的发展而逐步完善的。20世纪初，一些国际组织开始着手制定与国际贸易特点相适应的、相统一的国际贸易法律规范。现在各国政府在制定和执行贸易政策、对外贸易活动的管理方面制定了行为规范。目前我国贸易管理法规还处于完善过程中。国家商务部等部门正积极采取措施，加强流通贸易领域的管理，强化法制建设，如发布了《畜禽产品流通卫生操作技术规范》（NY/T 3407—2018）、《酒类商品零售经营管理规范》（SB/T 10392—2015）、《酒类商品批发经营管理规范》（SB/T 10391—2015）。良好贸易规范还包含物流标准化的内容，如采收与分级、包装、仓储、运输、信息管理标准化等。

对于前提方案的理解，重点应考虑：前提方案策划基础、涉及方面、批准、实施、更新；前提方案与适用法律法规的关系；前提方案与HACCP计划的关系。

由于前提方案降低了增加和引入食品安全危害的可能性，因此前提方案为进行危害分析奠定了基础，从而也为制定HACCP计划奠定了基础。

通常应按照法规、规范或指南的要求建立前提方案。在组织设计前提方案时，应考虑如下影响因素：组织在食品链中的位置、组织运行的规模和类型、所生产产品的性质、组织前提方案所适用的法律法规和指南、组织在食品安全方面的要求，必要时，还应考虑顾客的相关要求。

前提方案在企业的应用范围广泛。当组织的食品安全管理体系覆盖其生产场所或产品或生产线的部分时，不仅需要在特定产品或生产线或场所实施前提方案，还应在整个生产系统中应用。无论策划前提方案的依据是通用法规要求，如《食品安全国家标准　食品生产通用卫生规范》（GB 14881—2013），还是依据特定的产品要求，前提方案都应在整个生产系统中应用，并获得食品安全小组的批准。

由于包括法律法规在内的多个因素影响前提方案，因此在选择和制定前提方案时，应考虑当前国家或国际的法律法规要求、公认的指南，国际食品法典委员会的法典原则和操作规范，国际、国家或行业标准，顾客要求。食品生产组织应根据自身在食品链中所处的位置，选择适用的前提方案。对于出口企业还应考虑遵守相应的出口食品生产企业卫生规范，例如《出口食品生产企业安全卫生要求》。

在建立前提方案时，组织应考虑以下几个方面。

（1）建筑物和相关设施的构造和布局

质量源于设计，在工程项目设计阶段就应考虑潜在的风险因素，这样在后续的生产中就会避免很多问题。

凡新建、扩建、改建的工程项目均应按照国家相关规定进行设计和施工。

厂房设施作为生产的基础硬件，其选址、设计、施工、使用和维护等都会对食品安全产生显著的影响，因此应合理布局，最大限度地降低食品安全风险。

如应考虑选址要求、厂区环境要求、设备安装的卫生设计要求等，举例如下：

厂区不应选择对食品有显著污染的区域，不应选择有害废弃物以及粉尘、有害气体、放射性物质和其他扩散性污染源不能有效清除的地址。如食品厂不应临近化工厂、垃圾场、垃圾焚烧厂、动物饲养场所、煤厂、硫酸工业区、钢铁工业区、工业炉窑区等。

厂房和车间应根据产品特点、生产工艺、生产特性以及生产过程对清洁程度的要求合理划分作业区，并采取有效分离或分隔。

设备四周必须留有足够的空间，且有充足的光线和照明，以便于进行检查和清洁，以免产生卫生死角，同时也便于检查人员发现虫害活动的迹象；还需考虑是否有足够的空间来防止过敏原的交叉接触。避免生产线、罐等可能暴露的物料，产品的正上方可能出现的冷凝水，脱落的墙皮等进入产品中对产品造成污染。

还应考虑内部建筑结构的相关要求，如地面、墙壁、顶棚、门窗、供水设施、通风设施、照明设施、排水系统、清洁设施、个人卫生设施等。

（2）包括分区、工作空间和员工设施在内的厂房布局

按照食品法规要求，厂房和车间通常可划分为清洁作业区、准清洁作业区和一般作业区。清洁作业区，指清洁度要求高的作业区域，如裸露待包装的半成品贮存、充填及内包装车间等。准清洁作业区，清洁度要求低于清洁作业区的作业区域，如原辅料预处理车间等。一般作业区，清洁度要求低于准清洁作业区的作业区域，如原料仓库、包装材料仓库、外包装车间及成品仓库等。

在实际应用中，卫生分区不应只考虑法规的要求，还应按照组织实际管理的设计、压差、温湿度等要求进行划分。另外，原料流、产品流、人流设计和设备的布局应能够防止可能的污染。

（3）空气、水、能源和其他基础条件的供应

对作为产品成分或与产品直接接触的空气，以及用于生产和/或罐装的压缩空气、二氧化碳、氮气和其他气体等必须进行管理、监控，以防止交叉污染。对饮用水、用于产品原辅料的水、用于清洁或用于间接与产品接触（如夹层容器、换热器）的水，以及非饮用水等都应进行管理。对照明灯也应进行管理。

（4）虫害控制、废弃物和污水处理及支持服务

虫害控制，应首先防止害虫进入，预防、控制、消除可以促进或维持害虫种群和数量的条件，消除害虫可能的栖身处，对害虫的活动进行评估、监控、管理，防止原料、产品、环境、设备等被污染。必要时可选择第三方进行专业的辅助管理。

食品加工或制造组织应提供污水处理的设施和废弃物存放的设施,确保对废弃物的识别、收集、清运和处理方式到位,不污染产品或生产区域,避免造成虫害的滋生和对产品的可能污染。

(5)设备的适宜性及其清洁和保养的可实现性

接触食品的设备应设计和建造成便于清洗、灭菌和维护,设备和加工器具的构造应尽量减少死角和接缝,以避免污染物的残留和积累。同时,设备设置的位置应有充足的空间,以便于设备和器具的维护和清洁。

接触食品的设备应实施预防性维护和纠正性维护。如建立设备计划维护体系:根据设备的 ABC 分级采取相应的维护策略,包括故障维护、预防维护和改进维护,以达到最优成本完成设备维护活动。

① 故障维护:在设备发生故障后,为恢复设备的性能而采取的维护行动,包括立即维修(故障发生后,生产停止立即对设备进行修复,恢复生产)、延迟维修(保持生产延续的情况下,采取临时的措施,并在生产结束后进行的修复活动)。

② 预防维护:以基于时间的维护(TBM)、基于状态的维护(CBM)为基础并辅以预测性维护的设备保养体系,为防止故障发生而采取的措施。TBM 是基于设备零部件的寿命,确定固定维护间隔,实施维护活动。CBM 是基于设备零部件的劣化程度,实施维护活动。预测性维护是基于设备零部件的劣化趋势,预测零部件寿命,实施维护活动。

③ 改进维护:一种是对设备进行改进,提高设备可靠性和可维护性;另一种是以降低维护成本或提高食品生产安全为目的的改善;对所有的改进维护,应执行变更管理流程。

建立设备设施全生命周期管理制度,实现设备分级管理,细化重点设备维护制度。如世界级维护体系搭建(图8)。

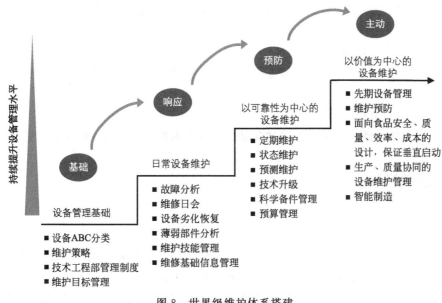

图 8　世界级维护体系搭建

(6)供方批准和保证过程(如原料、辅料、化学品和包装材料)
应规定供方的选择、评价、批准、再评价及监视的相关要求。
(7)进料接收、贮存、分销、运输和产品处置针对采购的物料，应建立接收标准，在运输前、运输中和卸货中检查运输车辆，验证物料的质量和安全性。

对于物料的贮存，应根据物料的性质考虑对温度、湿度、防尘、防异味或防止其他污染的相关要求，物料的发放应遵守"先进先出""近效期先出"的原则。对符合相关要求的物料，应规定处置要求，防止非预期的使用。

（8）交叉污染的预防措施

交叉污染包括物理污染、微生物污染、过敏原污染等，应制定防止、控制和发现污染的方案。

可通过危害分析方法分析可能的污染源和污染途径，明确生产过程中的食品安全关键环节，并设立食品安全关键环节的控制措施。如通过对温度、时间、湿度、空气洁净度的控制，实施清洁和消毒制度，以杀灭微生物或抑制微生物生长繁殖。通过采取设备维护、卫生管理、现场管理、外来人员管理及加工过程监督等措施，最大限度地降低食品受到玻璃、金属、塑胶等异物污染的风险，采取有效措施（如设置筛网、捕集器、磁铁、电子金属检查器等）防止金属或其他外来杂物混入产品中；通过对洗涤剂、消毒剂、杀虫剂、润滑油、食品添加剂和食品工业用加工助剂等的管理控制化学污染。

（9）清洁和消毒

建立清洗和消毒方案，确保食品加工设备和环境保持在卫生条件下，并监视方案的持续适宜性和有效性。

（10）人员卫生

应建立个人卫生和行为要求，对所有员工、参观者、合同方进行管理。对个人卫生设施（如洗手设施、更衣设施等）、卫生间、员工餐厅和指定的就餐区、工作服和防护服、人员健康状况、员工疾病和外伤、员工行为等进行管理。建立卫生检查计划，并对执行情况进行记录。

（11）产品信息、消费者意识

可以通过标志、公司网站、广告等向消费者展示产品信息，以使消费者理解其重要性，并做出有根据的选择。

（12）其他有关方面

除以上方面外，恐怖主义分子通过食源途径袭击消费者的危害也应予以考虑。

8.3 食品防护

8.3.1 食品防护的背景

近年来，随着环境污染的日趋加重以及世界风云变幻、恐怖行为等不安定因素的存在，食品安全性受到严重的影响，这些不安全因素一方面来自食品内部，且在生产加工及运输贮藏过程中不易被消除；另一方面来自食品外部，如蓄意添加的各种危害。就这两方面比较，前者往往带有可预料性，而后者是无法预料的。在这种情况下，食品安全与食品防护引起各国的广泛重视。

食品防护是保护企业和消费者免受内部和外部威胁的重要因素。它包含了从相对常见的蓄意污染到不太可能的恐怖袭击等一系列潜在威胁。在网上搜索"产品蓄意污染"或"生物性恐怖"都会有大量示例来说明威胁是真实存在的，通常通过供应链或制造过程，可预防、控制大部分威胁。

组织应制定食品防护计划，以降低内部和外部威胁的风险，从而来保护下游制造型企业或消费者。

FSSC 22000 V5.1、BRCGS 系列标准、IFS 系列标准及 SQF 等食品安全管理体系已经扩展了与食品防护相关的条款。ISO/TS 22002-1：2009 第 18 章中提及了食品防护，并与新的 GFSI 要求保持一致，将食品防护纳入管理系统层面，使其成为管理责任的一部分。

8.3.2　食品防护的定义

关于食品防护有很多不同的定义，它们在本质上都非常相似。GFSI 对食品防护的定义是：通过防止所有形式的有意恶意攻击导致的污染来确保食品和饮料安全的过程。PAS 96：2017 对食品防护的定义是：食品防护是为确保食品和饮料的安全以及防止恶意和意识形态动机的攻击而导致的污染或供应链中断而采取的程序。FDA（FSMA-故意掺假规则）提到：食品防护是保护食品免受故意掺假的行为，这种故意掺假旨在对公众健康造成大规模伤害，包括针对食品供应的恐怖主义行为（FDA 食品防护情况说明书）。

食品防护所防止的对消费者或公司蓄意造成的危害与专门获取经济利益的食品欺诈的动机不同。因此，食品防护需要采取与控制意外食品安全危害和食品欺诈预防不同的方法。如GFSI 食品危害模型（图 9）。

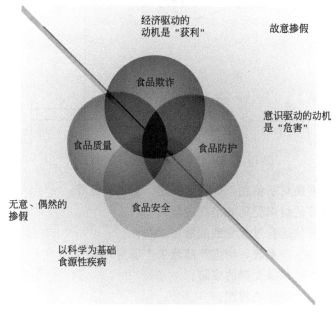

图 9　GFSI 食品危害模型

8.3.3　国内外主要食品防护标准介绍

① CARVER＋Shock 软件：该软件可以帮助食品行业的生产者、包装商、加工商、制造商、仓库员、运输商以及零售商确定食品设备在应对生物、化学或放射性危害等方面的性能，从而做好预防措施，确保设备以及食品链的安全。

② 食品防护计划及其应用指南（GB/T 27320—2010）：该标准为中国企业实施食品防护提供了指南。

③ 保护食品和饮料免受蓄意攻击指南（PAS 96：2017）：本标准关于食品防护阐述了重要的概念——威胁评估和关键控制点（TACCP），具体分为如下十五个步骤（如图 10）。

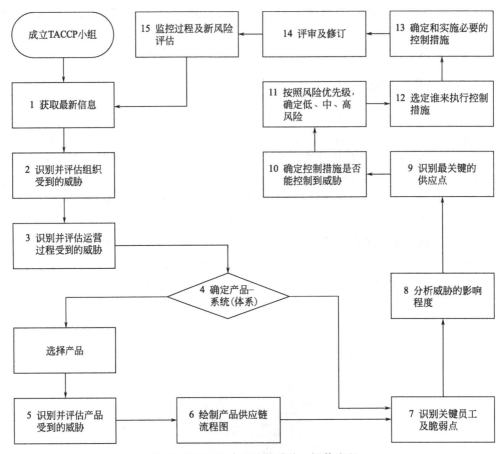

图 10　TACCP 食品防护威胁、评估流程

第一步：识别并搜集更新信息，如厂房扩建、新的外包等；

第二步：识别并评估组织受到的潜在威胁；

第三步：识别并评估运营过程受到的潜在威胁；

第四步：确定产品生产系统，确定产品及生产场所；

第五步：识别并评估产品受到的威胁；

第六步：绘制产品供应链流程图；

第七步：识别关键员工及脆弱点；

第八步：分析威胁的影响程度；

第九步：识别最关键的供应点；

第十步：确定控制措施是否能控制到威胁；

第十一步：按照风险优先级，确定低、中、高风险；

第十二步：选定 TACCP 计划责任人；

第十三步：实施 TACCP 计划；

第十四步：TACCP 计划实施情况验证（评审及修订）；

第十五步：监控过程及新风险评估。

8.3.4 食品防护计划

8.3.4.1 基于风险的食品防护评估

组织应用基于风险的评估方法确定显著性的威胁，完成威胁评估，以确定潜在薄弱点，并按照 TACCP 的方式建立食品防护计划。

（1）建立食品防护小组

组织在评估实施前，应成立食品防护小组，小组成员应包括与食品安全相关的各部门，食品防护小组示例见表 19。

表 19　食品防护小组示例

姓名	性别	职务	组内职务	职责	联系电话
×××	×	总经理	组长	防护体系小组组长	×××××××××××

（2）制定食品防护评估表

① 防护评估的内容：本书中食品防护评估采用 GB 27320—2010 的附录 A 内容，包括企业外部安全，企业内部安全，加工安全，储藏安全，运送、接收安全，水、冰的安全，人员安全，信息安全，供应链的安全，实验室安全，其他方面等。

② 食品防护评估的步骤：企业操作描述，分析潜在的不良后果，确定可能产生犯罪行为的关键因素，评估现有和需要增加的预防措施，制定降低危害的计划。

③ 评估时要考虑的因素：员工的态度、易受威胁的食品、潜在的污染物、污染食品具备的条件。

④ 制定食品防护评估表的方式：参考评估表的模板，见食品防护评估表示例（表 20）；使用相关的软件，如 ORM（operational risk management）、CARVER＋Shock 等。

表 20　食品防护评估表示例

水和冰的安全	是	否	不适用
接近水井是否受到限制(通过上锁的通道、门,或者限于授权人员进入)			
接近制冰设备是否受到限制			
接近贮冰槽是否受到限制			
接近贮水槽是否受到限制			
水的重复利用系统是否限制接近			
是否定期检查饮用水的管道遭到蓄意破坏的可能(如感官检查基础结构的物理完整性等)			
是否定期检查非饮用水的管道遭到蓄意破坏的可能(如感官检查基础结构的物理完整性,与饮用水管道的连接情况等)			
是否与当地健康部门有协议,确保其在公共饮用水供应有问题时及时通知到工厂			

（3）回答或现场巡视评估表中的问题。

（4）评估的结果应该保密，防止攻击者获取。

8.3.4.2 食品防护控制措施及计划的确定

在确定了工厂易受攻击的某些区域或某些程序之后，需要制定一些经济有效的预防性操作计划，将易受攻击的可能性降到最小。

例如，表21为对水和冰薄弱环节所采取的措施。注意：此表需要保密，仅限相关部门使用。

表 21　对水和冰薄弱环节所采取的措施

薄弱环节的例子	可能的食品防护方法
危险因子放入水井中	水井上锁，限制接近
加工中使用的冰被危险因子污染	确保冰贮存设施的安全性
危险因子被放入用于配制盐水的水中	确保饮用水管道和储藏罐的安全

8.3.4.3 食品防护计划的实施

（1）发布体系文件

企业在完成食品防护计划文件的编制后，为了保证文件的适宜性，要经过相关部门的确认和主管领导的审批。审批后的体系文件应对其版本或修订状态做出标识，并正式发布。

企业要将适用文件发放到食品防护计划运行的相关岗位，确保各个需要食品防护计划文件的岗位都能得到适用文件的有效版本。文件的发放应保存记录。

各部门以及各个岗位在接到食品防护计划的文件后，要组织学习并按照体系文件的要求实施，具体包括：各部门组织实施与本部门有关的体系文件；实施运行中按照体系文件要求进行各种例行监控；按文件要求填写各种记录；对文件实施中发现的问题应做好记录，并及时与食品防护小组进行交流，以便其进行评审和修订。

（2）落实各职能和层次的职责

在体系建立中，已经对食品防护计划运行的作用、职责和权限做出了明确规定，并已形成文件。在体系开始运行后，应将所规定的职责和权限落实到各相关部门，乃至各相关个人。

（3）文件控制

在文件发布后，企业应按照文件控制程序的要求对文件进行管理。应确保使用的食品防护计划文件为现行的有效版本。

在运行中应防止对过期文件的误用，过期文件应从使用场所收回，并及时销毁。如出于某种目的需要保留过期或失效文件，要做出适当的标识。

对于在食品防护计划运行中所需要的外部文件，应做出标识，并对其发放予以控制。要特别注意有关文件的保密工作。

（4）文件的发放、修改、回收均应进行记录

在实施运行中应注意了解文件的适用性，企业应充分征求使用者对文件适宜性的意见，必要时指定具有足够技术能力和职权的人员对文件进行评审。如需要修订，可由授权人员进行修订。文件修订后要重新颁布。文件修订中，应对文件的修订部分和现行修订状态做出标识，以防不同版本文件之间的混用。对回收的过期文件也要有记录。

（5）体系运行中的培训

为了确保从事影响食品安全活动的人员具备所必需的能力，确保负责食品防护体系监视、纠正等的人员受到培训，企业应首先确定可能影响食品安全的重要岗位，然后确定其具有的职责和权限，使执行任务的或可能具有重大食品安全影响的所有人员具备所需的知识和技能。

培训应体现受培训者在食品防护体系中所处岗位的要求，并考虑到接受培训的人员的现有知识水平。针对不同层次的员工，实施不同内容的培训。

（6）对供方、合同方施加影响

企业需将合同方、供方视为影响其食品安全的可能因素，要求其实施相应的食品防护计划，遵守适用的法律法规要求，并对其施加影响。企业应当建立相应的控制程序（如合同方、供方原辅料管理程序）或通过合同、协议对供方和合同方施加影响，并将其管理内容与合同方和供方进行必要的沟通。

企业中的责任部门在对合同方、供方施加影响中应完成下列工作：责任部门按合同方、供方管理程序的要求，针对其重要食品安全危害因素制定具体管理要求；与合同方、供方签订协议（或其他形式的文件）落实管理要求；检查合同方、供方执行相关协议的情况；调查合同方、供方对食品安全危害因素的控制状况及安全卫生控制指标等。

（7）应急预案

应建立、实施并保持应急预案，以管理能影响食品安全的潜在紧急情况和事故。每个企业都应根据自身情况制定应急预案。确定可能的紧急情况和事故，如火灾、洪水、生物恐怖、能源故障等潜在紧急情况和事故，采取必要的事前预防措施。在有关程序中规定紧急情况和事故发生时的应急办法，并预防或减少由此产生的不利影响。

在食品防护计划的实施运行中，为确保应急预案的有效性，应包括下述内容。

① 应急知识培训：在实施食品防护计划过程中，应对有关人员进行应急预案的培训，使他们熟悉程序的要求和掌握实施应急预案的技能。

② 落实应急设备设施及各种资源，按照应急预案要求，配备充足的设施设备以及其他必需的资源。

③ 在运行中对各种应急设施进行检查，使应急设施处于良好状态，例如消防设施、器材的定期检查等。

（8）食品防护计划的审核

食品防护小组应定期进行内部审核，以核查食品防护计划是否得到有效实施和更新，是否能有效保障产品安全。

食品防护计划审核的一个重要目的是通过审核活动发现组织体系运行中可以改进的机会。审核不仅要对成绩给予肯定，还要通过审核找出问题、解决问题。

内部审核通常是周期性进行或是出现严重安全问题时实施。如果组织已建立质量管理体系，食品防护计划审核的内容一般会包含于质量管理体系内部审核范围内，企业也可以组织实施只针对食品防护计划要求的管理过程的内部审核。

8.3.5　食品防护演练及有效性评估

8.3.5.1　食品防护计划有效性

食品防护计划的有效性体现在持续改进方面。持续改进是不断对食品防护计划进行强化的过程，可实现对食品安全管理的总体改进。因此，体系管理水平的提高和食品安全管理效果的改善是企业证明食品防护计划有效性的重要标志。

（1）食品防护计划有效性判定的五大原则

原则1：明确防护目标。识别操作中最薄弱的因素，了解威胁和防护的目标将有助于在最有效处实施预防措施。

原则2：最关键因素应用最严密的防护。并不是所有的企业要素都需要同样的安全控制。企业根据具体情况对于不重要的因素可以使用低级保护措施，确保"好钢用在刀刃上"。

图11　食品防护分层示意图

原则3：分层次分方法。企业需要制定各种措施应对各种可能存在的威胁。措施可分类为物理防护、人员防护和操作防护。物理防护（物理层面的安全）可作为最外层最基础的保护措施，人员防护（个人安全）作为中级的防护措施，操作防护（运营层面的安全）为最核心的防护措施。如食品防护分层示意图（图11）。

原则4：将危害降低到可接受水平。消除所有的危害是不可能的，也是不经济的，需要平衡预防措施和实际操作有效性之间的关系。对于每一个预防措施，均应考虑经济成本有效性，把危害降低到可接受水平。

原则5：管理层支持。管理层的支持对于食品防护计划的有效运行特别重要。管理层应意识到食品防护与食品安全和质量控制同等重要，并提供必要的财力和人力的支持和保障。

（2）食品防护计划有效性确认评估

参见食品防护计划有效性确认评估表示例（表22）。

表22　食品防护计划有效性确认评估表示例

确认内容	确认结果
制定了食品防护计划，所有薄弱环节都制定了针对性的控制措施	□是□否
明确了实施食品防护相关人员的职责	□是□否
食品防护小组成员和其他企业员工进行了食品防护计划的培训	□是□否
有定期进行食品防护措施演练的要求	□是□否
有食品防护计划定期验证的要求	□是□否
有适当的保密措施	□是□否
有与当地公安和其他相关政府机构的应急联络信息，定期更新，并有可靠的联络手段	□是□否
制定了应急预案并进行定期演练	□是□否
建立了有效的内外部沟通机制	□是□否
制定了召回计划并能保证召回产品得到了恰当处理	□是□否
有故意污染信息一览表、评估结果和控制措施	□是□否
确认结论：　　　（填写"有效"或"需进一步修改"）	

8.3.5.2 食品防护演练的策划及实施

公司应策划周期性的演练计划，如季节性测试或年度测试，演练应在食品防护小组的参与下完成。演练程序如下。

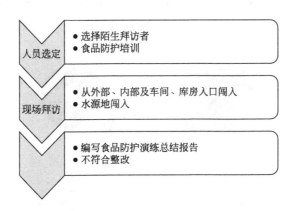

8.4 食品欺诈

8.4.1 食品欺诈的背景

近年来，引人关注的国际食品欺诈丑闻已经伤害了许多无辜民众，甚至夺去了他们的生命。

早在18~19世纪已有类似欺诈的记录，例如黑胡椒中混有沙石、树叶、树枝、亚麻仁粉、豌豆粉、米粉，含朱砂（硫化汞）的辣椒以及其他很多例子。很多情况下，其中的掺杂物是有毒的，可导致食用者身亡。

早在1820年，出现了第一本关于此主题的书，其中列举了面包、啤酒、白酒、烈酒、茶、咖啡、奶油、糖果、醋、芥末、胡椒、奶酪、橄榄油的掺假欺诈例子和检测方法，证明了这些操作并不罕见。令人十分惊讶的是，200年前的这本书指出的食品欺诈类型到目前为止还是最可能发生食品欺诈的前10位。

2009年我国颁布了《中华人民共和国食品安全法》，其中明确规定食品生产企业及经营企业不得有掺假或替代、广告欺诈、标签欺诈等行为。英国和爱尔兰于2013年1月中旬发现部分超市出售的牛肉汉堡中掺杂了马肉和其他肉类，在被检查的27种汉堡中，10种被发现含有马肉，23种含有猪肉。此后，"挂牛头卖马肉"事件持续扩大，除汉堡外，其他牛肉类食品也被怀疑掺入马肉。涉及"马肉风波"的食品来源于英国、法国、波兰、卢森堡、瑞典等多个国家。马肉风波后，欧盟也成立了相关的政府机构共享事件信息、食品欺诈信息等，并将食品欺诈列入相关的法规中。

8.4.2 食品欺诈的定义和类型

BRCGS《食品安全全球标准》（第八版）对食品欺诈的定义是：以经济利益为目的，通过增加产品的表观价值或降低其生产成本对产品或原材料进行欺诈性或蓄意替换、稀释或掺假，或者对产品或原材料进行误导性宣传。

《食品安全欺诈行为查处办法》（征求意见稿）提到，食品安全欺诈是指行为人在食品生产、贮存、运输、销售、餐饮服务等活动中故意提供虚假情况，或者故意隐瞒真实情况的行为。

全球食品安全倡议（GFSI）中将食品欺诈分为七种类型，如图12所示。

图 12　七种欺诈类型

8.4.3　食品欺诈案例

（1）美国糖水勾兑果汁

相关信息见表23。

表 23　美国糖水勾兑果汁

事发年份	1987
发生国家及公司	美国 Beech-Nut 公司
事件严重指数	★★★★
涉及产品	婴儿果汁
事件概述	Beech-Nut 公司生产的苹果汁，声称是纯果汁，实际上是由糖水勾兑而成的。法院判罚 750 万美金。这创下了 20 世纪 80 年代食品公司最大罚款的纪录

（2）英国苏丹红事件

相关信息见表24。

表 24　英国苏丹红事件

时间	事件概述	严重程度指数
2005 年	2005 年 2 月 18 日，英国食品标准署就食用含有添加苏丹红色素的食品向消费者发出警告，并在网站上公布了亨氏等 30 家企业生产的可能含有苏丹红的产品清单，这一事件成为此次风波的导火索，之后世界各地不断查出含苏丹红的食品。随着调查的展开，一大批企业纷纷被查，其中不仅包括名不见经传的小企业，同时也有肯德基等知名的跨国公司	★★★★★

（3）欧洲马肉风波

相关信息见表 25。

表 25　欧洲马肉风波

事发年份	2013 年 1 月
发生国家	欧洲
欺诈严重程度	★★★★★
涉及产品	牛肉制品（如牛肉汉堡）
事件概述	英国和爱尔兰的部分超市售卖的牛肉汉堡中含有马肉成分，其来源调查涉及英国、法国、波兰、卢森堡、瑞典等十几个国家，此后欧盟法规将食品欺诈列入法规检测范围

8.4.4　食品欺诈指南

近几年，食品欺诈是食品安全管理中的一个新热点，在全球食品安全倡议指南文件（7.0）中，将食品欺诈作为认可的一个必需模块，因此越来越多的食品安全标准中，都增加了食品欺诈的模块要求，比如 IFS、BRCGS、FSSC 22000、SQF、GLOBAL GAP 等。相应地，每个标准也都有实施食品欺诈管理的具体指南，在此简单地描写 IFS 和 FSSC 22000 中关于食品欺诈的实施方法。

8.4.4.1　IFS 关于食品欺诈指南

IFS 六步法如图 13 所示。

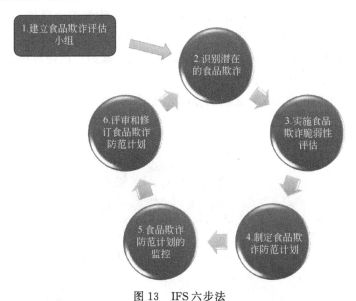

图 13　IFS 六步法

8.4.4.2　FSSC 22000 关于食品欺诈指南

为协助执行 FSSC 22000 食品欺诈防范要求，建议采用以下工作方式：

① 建立食品欺诈防范小组；

② 进行食品欺诈脆弱性评估（FFVA）以识别潜在的脆弱性；

③ 确定重大脆弱性；

④ 选择并确定重大脆弱性的适当控制措施；

⑤ 将脆弱性评估、控制措施、验证和事故管理程序形成文件并纳入由食品安全管理体系支持的食品欺诈防范管理中；

⑥ 制定有效的培训和沟通策略并实施食品欺诈防范计划。

(1) 食品欺诈脆弱性评估和关键控制点（VACCP）

在进行 FFVA 时，应考虑以下几点因素：经济脆弱性（欺诈的经济吸引力如何）；历史数据（是否发生过）；可检测性（是否容易通过常规筛查检测出）；接触供应链中的原料、包装材料和成品的程度；与供应商的关系（长期合作或现场采购）；通过某单独行业针对欺诈供应链的复杂性（长度、源头和产地）。

供应商通过特定行业的控制系统认证来专门预防或防范食品欺诈，可替代其自身的常规分析筛查。例如，供应商可通过某自愿性控制计划来对其果蔬汁和果泥进行认证。供应链中反映出的社会经济学、行为学、地缘政治和历史数据因素都可以作为有效的工具来利用。通常，食品欺诈预防（或其要素）不仅仅需要在现场层面上解决，还需要在企业组织层面上解决。VACCP 的关键是"从罪犯的角度思考"。

在进行 FFVA 时，可以从材料分组开始（例如类似的原料或类似的成品），当分组内发现重大风险时，需进行更深入的分析。

在确定一项预防策略时，应对 1 级以下潜在脆弱性的重大程度进行评估。可以使用类似于 HACCP 的风险矩阵分析。营利性是发生可能性的重要因素，应制定重大风险的预防策略并形成文件。

VACCP 应由获证组织所有产品的食品安全管理体系（FSMS）提供支持，即 VACCP 应包含培训、内部审核、管理评审等体系要素，以及可操作性控制措施、纠正和纠正措施、职责、记录保存、验证措施和持续改进。验证可包括原产地/标签验证、检测、供应商审核及规范管理。此外，FSMS 还需将食品欺诈缓解要素纳入政策、内部审核及管理评审等。

(2) HACCP、TACCP、VACCP 的区别

HACCP、TACCP 和 VACCP 之间的差异参见图 14。

图 14　HACCP、TACCP 和 VACCP 之间的差异

8.4.5 食品欺诈评估及防范措施

食品欺诈评估及防范程序如图 15 所示。

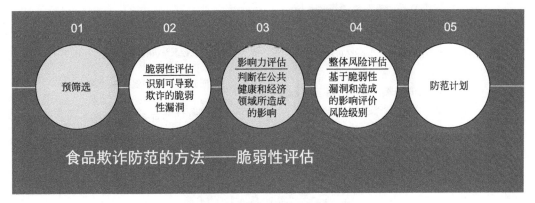

图 15　食品欺诈评估及防范程序

8.4.5.1 基于风险的食品欺诈评估

（1）预筛选

搜集整理每种原辅料、包材的特性，如确定配料清单；确定每种配料的产地、来源；确定配料的预期用途；确定使用的配料经济影响力；检查掺假的历史。

（2）脆弱性评估

① 由原料固有的因素驱动的薄弱性。如图 16 所示，食品原料固有的薄弱性为原料的市场价格、欺诈历史、构成、物理状态和加工水平等因素。某些原料本质上更易于掺假，例如苹果汁或苹果泥比苹果片更易掺假。

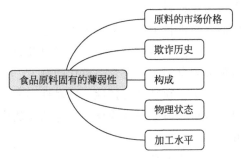

图 16　原料固有因素的薄弱性

② 由业务影响因素（业务压力）引发的脆弱性。对某些特定原料的需求（如体积）、使用范围或市场价格波动等因素可能导致欺诈的薄弱性增加。市场价格急剧上涨，原材料供应不足（例如天气恶劣或虫害引起的收成不佳）是增加原材料脆弱性的指标。

③ 由买方控制因素驱动的脆弱性。可采取适当的缓解措施，减轻食品欺诈的脆弱性。脆弱性分析图（图 17）列举了一些企业缓解策略如完全可追溯性、适当的采购规范、可用的分析方法、稳健的监控程序。

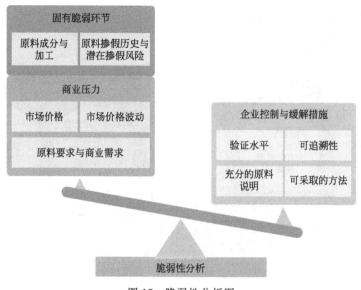

图 17　脆弱性分析图

8.4.5.2　食品欺诈防范控制措施

（1）制定充分、详细的原材料规格书

制定充分、详细的原材料规格书是防止食品欺诈的重要措施。为采购原材料而制定的规范必须适当、务实，尽可能减轻在自我评估中确定的固有薄弱性。例如，紫外吸收检测器专门用于检测橄榄油的掺假行为，即在精炼橄榄油中掺入初榨橄榄油。与食品欺诈缓解相关的规范标准必须根据辅料组成的复杂程度和变异性进行彻底的界定。当需要测量具体参数以控制原材料的真实性时，必须使用适当的分析方法（即适应原料的天然变异性）。

（2）采用适当的分析方法对原材料进行监测

一旦对给定原材料的掺假风险进行了描述，接下来就需确定一套分析控制标准，即建立监督计划。监督计划能建立对供应商的信心，使企业获得对其原材料供应的安心，并确认现有的缓解措施是否充分，监督计划有助于发现食品欺诈问题。

对原材料进行监测的分析方法必须具有选择性、针对性和适当的敏感性，以验证食品真实性。主要有两种方法：目标分析，与原材料规格中规定的参数相关；无目标技术，用于评估原材料完整性，杜绝掺假。

（3）建立长期的供应商合作伙伴关系

供应商的生产基地需要根据风险（例如原材料风险、食品安全控制措施实施点、供应商绩效）的要求进行批准。供应商通过审批流程获得资质，买方和供应商之间建立起稳定的合作关系，这对于预防掺假工作至关重要。

建立长期的合作伙伴关系，能增加供应链透明度，提升信赖度，促进信息共享，从而了解买方和供应商流程中的关键需求和控制点。

（4）开展有针对性的供应商审核

审核员在对特定的原材料生产、搬运场地进行审核时，可以开展更有针对性的检查。例如在肉类生产现场，审核员可能会检查在生产和存储区域中是否存在未经批准的调味剂、着色剂或防腐剂。在家禽生产现场，审核员可能会寻找盐水注入设备。

（5）提高供应链透明度，尽可能简化供应链

精简的上游供应链不仅能提高透明度、可追溯性，还会使食品欺诈者渗透企业供应链的机会减少。提高供应链透明度的第一步是问自己：你是否全面了解整个供应链？谁是你的直接供应商？他们的上一层供应商是谁？你在改变供应商还是流程？

8.4.5.3 预警体系——不断审查食品欺诈管理体系

必须定期监督官方和行业出版物，对可能引发新威胁的变化提供早期预警，或改变处理现有威胁的优先顺序，这些威胁可能更多地涉及当地问题（例如气候对某些作物产量的影响和随后潜在的食品欺诈行为）。相反，当发现欺诈性材料时，发出警报是至关重要的，以此来提醒业务伙伴，以防止掺假材料进入食品链的其他部分，并向地方主管部门和/或国家食品安全监督管理部门报告情况，进行深入调查。

8.4.6 食品欺诈防范实例

8.4.6.1 实例分析

以酸奶生产企业为例，其食品欺诈评估详见图18。

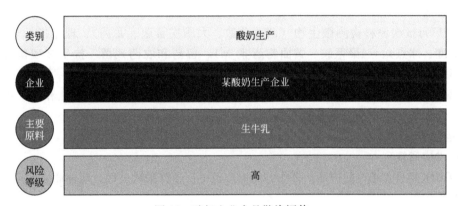

类别	酸奶生产
企业	某酸奶生产企业
主要原料	生牛乳
风险等级	高

图 18 酸奶企业食品欺诈评估

原料详细信息见表 26。

表 26 原料相关信息

名称	生物性、物理及化学特性描述		产地未知	标准	工艺	运输条件	使用前处理
生牛乳	呈乳白色或微黄色。具有乳固有的香味，无异味。均匀一致的液体，无凝块、无沉淀、无正常视力可见异物	蛋白质、脂肪、冰点、酸度、黄曲霉毒素M1、三聚氰胺、兽药和农药残留、重金属等符合国家标准	无致病菌；其他微生物含量低于国家标准	未知	GB 2761—2017（真菌毒素）GB 19301—2010(生乳) GB 2762—2017(污染物) GB 2763—2021(农残) 其他	牛体挤奶	奶槽车低温运输(2~6℃下贮存)	使用前检测合格，灭菌处理

8.4.6.2 风险评估

风险评估表见表 27。

表 27　风险评估表

组分	危害因素	可能性	危害性	判断理由	等级	建议措施
生牛乳	违法添加	中	高	如添加三聚氰胺、尿素等含氮物质提高蛋白质含量。很多乳品公司依据蛋白质含量高低来决定牛奶收购价格。加水提高牛奶总量	高风险	检查型式检测报告，合同中约定，每批次使用前检测。定期现场评审
	感官	中	中	牛奶易吸附异味，如挤奶过程混入牛粪，奶槽车未清洗干净等	中风险	感官检测，定期现场评审
	化学危害	高	高	如饲喂奶牛的牧草发霉，导致黄曲霉毒素M1含量超标	高风险	使用前检测，定期现场评审。牧场提供牧草检测报告
	农药残留	低	高	饲喂奶牛的牧草中农药残留超标，导致挤出来的牛奶农药残留超标	低风险	每年定期检测，有条件的每批次检测。牧场提供牧草检测报告，定期现场评审
	兽药残留	高	高	注射抗生素类兽药的奶牛，上机挤奶前未经过抗生素检测导致挤出的牛奶中含有抗生素	高风险	每批次检测，并每年定期型检。向供应商索要每批次检测报告
	重金属	低	低	如奶牛食用的食物和水中含有重金属，外界带入等	低风险	每批次检测，并每年定期型检。牧场提供牧草和水质等检测报告

8.4.6.3　食品欺诈防范计划（风险控制）

（1）检测

① 工厂每批次原料检测微生物（菌落总数、大肠埃希菌、霉菌）、理化指标（蛋白质、脂肪、酸度、冰点）、三聚氰胺、黄曲霉毒素 M1、兽药和农药残留、抗生素残留等。每年定期送第三方机构检测。

② 索要牛奶供应商每个批次的原料合格检测报告，定期的年度生牛乳和生产用水的型检报告，饲喂奶牛食物的合格检验报告等。

③ 运输车辆铅封检查等。

（2）供应商管理

① 采购长期合作单位的产品，合作方无掺假历史；签订采购合同，明确质量安全标准，供方进行承诺。

② 选择通过相关体系标准认证的供应商，选择行业龙头企业。

③ 定期对供应商进行现场评估检查，进行物料平衡测算。对供应商进行分级，确定不同供应商风险大小等。

④ 定期查询供方是否出现政府通报的食品安全行为或产品不合格情况。

（3）成文信息

① 所有的检测、评审、操作等都形成记录和文件并保存；保持可追溯性。

② 关注并定期搜集相关的法律法规和标准，及时更新。

（4）行动计划

① 定期查询是否有新的欺诈风险，更新控制措施，并进行确认和验证，制定应急预案，应对欺诈风险。

② 定期检查现有的检测和操作标准是否符合现有的法律法规或标准，并及时纠正和验证。

8.5　可追溯系统

追溯系统：基于追溯码、文件记录、相关软硬件设备和通信网络实现现代信息化管理并获取产品追溯过程中相关数据的集成。

追溯分为追踪和溯源。在企业常常称作下游追溯和上游追溯。下游追溯,如从原料、包材采购、半成品、产品追溯到销售的所有环节;上游追溯,如从产品、半成品追溯到原料、包材采购的所有环节,包括原料、包材的供应商信息。

组织应对食品链的环节信息进行详细的记录,确保上下游所有环节都可进行有效的追溯。

网络销售食品交易第三方平台提供者和自建网站交易食品的生产经营者也应建立可追溯系统,其信息记录主要有入网食品生产经营者查验记录,入网食品生产经营者档案记录、抽检及结果记录、订单记录、运单记录、退货/换货记录、资质标识、网页标识等。

信息记录可以是电子形式或纸质形式,也可采用一维码、二维码等作为信息记录的载体。

可追溯记录和相关凭证的保存期不得少于产品保质期满后 6 个月,产品没有明确保质期的,保存期限不得少于 2 年,法律法规另有规定的除外。一些产品的追溯要求可参照国家标准,如:GB/T 28843—2012《食品冷链物流追溯管理要求》、GB/T 22005—2009《饲料和食品链的可追溯性 体系设计与实施的通用原则和基本要求》、GB/T 33915—2017《农产品追溯要求 茶叶》、GB/T 29373—2012《农产品追溯要求 果蔬》、GB/T 38574—2020《食品追溯二维码通用技术要求》等。

8.6 应急准备和响应

应急预案:为有效预防和控制可能发生的突发事件,最大限度地避免事件发生或减少其造成的损害而预先制定的工作方案。

应急准备:针对可能发生的突发事件,为迅速、科学、有序地开展应急行动而预先进行的各种准备。

应急演练:针对可能发生的事件情景,依据应急预案而模拟开展的应急活动。

应急响应:针对发生的突发事件,有关组织或人员采取的应急行动。

【应用案例】

可根据《突发事件分类与编码》(GB/T 35561—2017)的相关要求对与组织相关的可能影响食品安全的潜在紧急情况或事件进行识别和分类,以便分析、评估出与本组织相关的食品安全风险,食品安全事件分类的部分示例如表 28 所示。

表 28　食品安全事件分类

事件分类			风险描述
大类	亚类	细类	
自然灾害	水、旱灾害	洪水	
		农业干旱	
		城镇缺水	
		...	

事件分类			风险描述
大类	亚类	细类	
自然灾害	气象灾害	台风	
		暴雨	
		雪灾	
		大风	
		沙尘暴	
		冰雹	
		霜冻	
		…	
	地震灾害	人工地震	
		天然地震	
		其他地震灾害	
	地质灾害	泥石流	
		滑坡	
		地裂	
		火山喷发	
		…	
	海洋灾害	海啸	
		风暴潮	
		…	
	森林火灾	境内森林火灾	
		跨境森林火灾	
		…	
	草原火灾	境内草原火灾	
		跨境草原火灾	
		…	
	生物灾害事件	农业病害	
		农业虫害	
		…	
	其他自然灾害事件		
事故灾难	煤矿事故	…	
	金属非金属矿山事故	…	
	危险化学品事故	危险化学品爆炸事故	
		危险化学品泄漏事故	
		危险化学品中毒和窒息事故	
		危险化学品火灾事故	

事件分类			风险描述
大类	亚类	细类	
事故灾难	危险化学品事故	危险化学品灼烫事故	
		危险化学品其他事故	
	烟花爆竹和民用爆炸物事故	…	
	建筑施工事故	…	
	火灾事故	…	
	道路交通事故	…	
	水上交通事故	…	
	铁路交通事故	…	
	城市轨道交通事故	…	
	民用航空事故	…	
	特种设备事故	锅炉事故	
		压力容器事故	
		压力管道事故	
		电梯事故	
		起重机械事故	
		…	
	基础设施和公用设施事故	大面积停电事故	
		…	
	环境污染和生态破坏事件	水污染事件	
		空气污染事件	
		土壤污染事件	
		转基因生物生态破坏事件	
		…	
	农业机械故障	…	
	踩踏事件	…	
	核与辐射事故	核设施事故	
		射线装置事故	
		…	
	能源供应中断事故	如水、电、气或制冷供应等基本服务的中断等	
	其他事故灾难		
公共卫生事件	传染病事件	鼠疫流行事件	
		肺炭疽流行事件	
		传染性非典型肺炎流行事件	

事件分类			风险描述
大类	亚类	细类	
公共卫生事件	传染病事件	人感染高致病性禽流感流行事件	
		新型冠状病毒肺炎流行事件	
		…	
	食品药品安全事件	食品安全事件（如：供应商等相关方出现食品安全问题、消费者投诉、产品召回等）	
		饮用水安全事件	
		农作物种子质量安全事件	
		药品安全事件	
		预防接种事件	
		…	
	群体性中毒、感染事件	重金属中毒事件	
		病原微生物、菌毒株事件；隐匿运输、邮寄病原体、生物毒素	
		…	
	动物疫情事件	高致病性禽流感	
		口蹄疫、疯牛病	
		猪瘟	
		动物结核病	
		动物炭疽病	
		…	
	群体性不明原因疾病	…	
	其他公共卫生事件	…	
社会安全事件	群体性事件	…	
	恐怖袭击事件	…	
	影响市场稳定的突发事件	…	
	…	…	
其他突发事件	…	…	

为了有效预防组织在食品安全管理体系运行中可能发生的突发事件（紧急情况和事件），或一旦发生后能够及时消除或有效控制相关的危害，最大限度地确保食品安全，减少损失，最高管理者应根据本组织在食品链中的作用，建立、实施和保持相应程序，以识别潜在事故、紧急情况和事件，并对其做出响应。

（1）组织可以通过识别适用的法律法规和进行及时有效的内部和外部沟通来响应实际的紧急情况和事件。

① 可以规定法律法规识别、更新管理的部门及其职责，负责定期更新组织适用的法律法规要求，并在组织内部进行沟通，通过法律法规的识别、对比与分析，及时发现本组织潜在的不符合法规要求的食品安全风险。如表29（　　）标准、法律法规及相关要求清单。

② 可在程序中规定内部沟通、外部沟通的范围、职责、方式、联系人和联络电话。

③ 外部沟通涉及的相关方因紧急情况和事件的不同而不同，如供应商、经销商、顾客、政府相关部门、媒体、当地环保局、消防部门、电业局、自来水公司等，应考虑全面。

（2）为确保采取的降低紧急情况后果的措施与紧急情况或事故的程度以及潜在的食品安全影响相适应，可对食品安全事件进行分级，对应急响应进行分级，根据不同的级别采取不同的措施。

（3）可行时，组织可对应急预案进行测试，测试、演练的依据一般是应急预案。

应急演练按照演练的内容分为综合演练和单项演练。综合演练：针对应急预案中多项或全部应急响应功能开展的演练活动。单项演练：针对应急预案中某一项应急响应功能开展的演练活动。

应急演练按照演练的形式分为桌面演练和实战演练。桌面演练：针对事件情景，利用图纸、沙盘、流程图、计算机模拟、视频会议等辅助手段，进行交互式讨论和推演的应急演练活动。实战演练：针对事件情景，选择（或模拟）生产经营活动中的设备、设施、装置或场所，利用各类应急器材、装备、物资，通过决策行动、实际操作，完成真实应急响应的过程。

应急演练按照演练的目的和作用分为检验性演练、示范性演练和研究性演练。检验性演练为检验应急预案的可行性、应急准备的充分性、应急机制的协调性及相关人员的应急处置能力而组织的演练。示范性演练为检验和展示综合应急救援能力，按照应急预案开展的具有较强指导宣教意义的规范性演练。研究性演练为探讨和解决事件应急处置的重点、难点问题，试验新方案、新技术、新装备而组织的演练。

组织可根据实际需要采取不同类型的演练，不同类型的演练可相互组合。应急演练的基本流程包括计划、准备、实施、评估总结、持续改进五个阶段。

（4）在演练实施过程中，安排专人采用文字、照片和音像等手段记录演练过程。

（5）必要时，在测试后，或在发生任何事件、紧急情况后根据实际情况在演练评估报告中对应急预案进行评审，针对应急预案存在的问题和不足提出改进建议，按程序对预案进行修订、更新。

表 29　（　　）标准、法律法规及相关要求清单

1　质量、食品安全法律法规及相关要求清单			
1.1　法律			
序号	文件编号	文件名称	发布部门及实施时间
1	2021 年 4 月 29 日	中华人民共和国食品安全法	2009 年 2 月 28 日第十一届全国人民代表大会常务委员会第七次会议通过，2015 年 4 月 24 日第十二届全国人民代表大会常务委员会第十四次会议修订，根据 2018 年 12 月 29 日第十三届全国人民代表大会常务委员会第七次会议《关于修改〈中华人民共和国产品质量法〉等五部法律的决定》第一次修正，根据 2021 年 4 月 29 日第十三届全国人民代表大会常务委员会第二十八次会议《关于修改〈中华人民共和国道路交通安全法〉等八部法律的决定》第二次修正

1 质量、食品安全法律法规及相关要求清单

1.1 法律

序号	文件编号	文件名称	发布部门及实施时间
2	中华人民共和国主席令(第十一号、第十八号令、第七号)	中华人民共和国消费者权益保护法	1993年10月31日第八届全国人民代表大会常务委员会第四次会议通过。根据中华人民共和国主席令第十八号《全国人民代表大会常务委员会关于修改部分法律的决定》对本文第五十二条作出修改,自2009年8月27日起施行。2013年10月25日第十二届全国人民代表大会常务委员会第五次会议第二次修正,2014年3月15日实施
略	略	略	略

1.2 法规

序号	文件编号	文件名称	发布部门及实施时间
1	GB 12693—2010	食品安全国家标准 乳制品良好生产规范	中华人民共和国卫生部 2010.3.26发布,2010.12.1实施
2	GB 23790—2010	食品安全国家标准 粉状婴幼儿配方食品良好生产规范	中华人民共和国卫生部 2010.3.26发布,2010.12.1实施
3	GB 14880—2012	食品安全国家标准 食品营养强化剂使用标准	中华人民共和国卫生部 2012.3.15发布,2013.1.1实施
4	国家食品药品监督管理总局令 第27号	网络食品安全违法行为查处办法	2016年3月15日经国家食品药品监督管理总局局务会议审议通过,自2016年10月1日起实施
5	国家工商行政管理总局令 第87号	互联网广告管理暂行办法	国家工商行政管理总局发布 2016.9.1实施
6	国家食品药品监督管理总局令 第26号	婴幼儿配方乳粉产品配方注册管理办法	2016年3月15日经国家食品药品监督管理总局局务会议审议通过 自2016年10月1日起实施
略	略	略	略

1.3 规章公告

序号	文件编号	文件名称	发布部门及实施时间
1	中华人民共和国农业农村部公告 第250号	食品动物中禁止使用的药品及其他化合物清单	中华人民共和国农业农村部 2019.12.27发布实施
2	国家市场监督管理总局令 第21号	药品、医疗器械、保健食品、特殊医学用途配方食品广告审查管理暂行办法	国家市场监督管理总局 2019.12.27发布,2020.03.01实施
3	国家食品药品监督管理总局令 第12号	食品召回管理办法	经国家食品药品监督管理总局局务会议审议通过,2015.3.11公布,自2015年9月1日起施行
略	略	略	略

1.4 地方性法规

序号	文件编号	文件名称	发布部门及实施时间
1	黑食药监乳品〔2014〕107号	省局关于印发我省《乳制品生产企业实施质量安全受权人制度指导意见(试行)》的通知	黑龙江省食品药品监督管理局 2014.05.06发布,2014.05.06实施
略	略	略	略

1.5 标准

1.5.1 原辅材料标准

序号	文件编号	文件名称	发布部门及实施时间
1	GB 13078—2017	饲料卫生标准	中华人民共和国国家质量监督检验检疫总局、国家标准化管理委员会 2017.10.14 发布,2018.05.01 实施
2	GB/T 317—2018	白砂糖	中华人民共和国国家质量监督检验检疫总局、国家标准化管理委员会 2018.02.06 发布,2018.09.01 实施
3	GB/T 10004—2008	包装用塑料复合膜、袋干法复合、挤出复合	中华人民共和国国家质量监督检验检疫总局、国家标准化管理委员会 2008.12.31 发布,2009.08.01 实施
略	略	略	略

1.5.2 产品标准

序号	文件编号	文件名称	发布部门及实施时间
1	GB 19301—2010	食品安全国家标准 生乳	中华人民共和国卫生部 2010.03.26 发布,2010.06.01 实施
2	GB 10765—2010	食品安全国家标准 婴儿配方食品	中华人民共和国卫生部 2010.03.26 发布,2011.04.01 实施
略	略	略	略

1.5.3 检验方法

序号	文件编号	文件名称	发布部门及实施时间
1	GB 7101—2022	食品安全国家标准 饮料	国家卫生健康委员会 2022.06.30 发布,2022.12.30 实施
2	GB 19645—2010	食品安全国家标准 巴氏杀菌乳	中华人民共和国卫生部 2010.3.26 发布,2010.12.1 实施
略	略	略	略

2 有机产品标准、法律法规及相关要求清单

序号	文件编号	文件名称	发布部门及实施时间
1	GB/T 19630—2019	有机产品生产、加工、标识与管理体系要求	国家市场监督管理总局 2019.08.30 发布,2020.01.01 实施
2	中华人民共和国国家质量监督检验检疫总局令第 155 号	有机产品认证管理办法	国家质量监督检验检疫总局
3	国家认证认可监督管理委员会公告〔2019〕21 号	认监委关于发布新版《有机产品认证实施规则》的公告	国家认证认可监督管理委员会 2019.11.06 发布,2020.01.01 实施

2　有机产品标准、法律法规及相关要求清单

序号	文件编号	文件名称	发布部门及实施时间
4	中华人民共和国国务院令　第390号	中华人民共和国认证认可条例	经国务院第18次常务会议通过 2003.09.03发布,2003.11.01实施
5	国家认证认可监督管理委员会公告〔2019〕22号	有机产品认证目录	国家认证认可监督管理委员会 2019.11.06发布,2019.11.06实施
6	国认注〔2011〕68号	关于进一步加强国家有机产品认证标志管理的通知	国家认证认可监督管理委员会 2011.10.14发布,2012.03.01实施
略	略	略	略

3　过敏原相关法规

序号	文件编号	文件名称	发布部门及实施时间
1	SN/T 1961.3—2012	食品中过敏原成分检测方法第3部分:酶联免疫吸附法检测荞麦蛋白成分	国家质量监督检验检疫总局 2012.05.07发布,2012.11.16实施
2	SN/T 4417—2016	常见食品过敏原可视芯片检测方法	国家质量监督检验检疫总局 2016.03.09发布,2016.10.01实施
略	略	略	略

4　略

序号	文件编号	文件名称	发布部门及实施时间

【应用案例】

可参照《企业产品质量安全事件应急预案编制指南》(GB/T 35245—2017)等国家法规建立应急准备及响应程序。

应急准备及响应预案的编写示例如下。

《应急准备及响应程序》

1　目的（略）

2　范围（略）

3　编制依据

列出所依据的法律、法规、标准等。

4　事件分类、分级

4.1　食品安全事件分类

可参照表28　食品安全事件分类的分类方式,对与本组织相关的可能影响食品安全的潜在紧急情况或事件进行识别和分类。

4.2　食品安全事件分级

可根据事件的性质、危害程度、涉及范围等对事件进行分级,以便针对不同的分级采取不同的响应措施,可参照下表。

分级	危害的严重程度	影响范围	政府关注度	媒体关注度
特别重大（Ⅰ级）	极严重:如造成消费者死亡涉及犯罪判刑、严重违规如被勒令停产整改,取消生产许可证或吊销营业执照,被曝光造成巨大损失,被政府巨额处罚,品牌声誉受到严重影响,对企业有毁灭性的影响等	全国或全世界	极高	极高
重大（Ⅱ级）	严重:如造成消费者住院、消费者投诉且索赔额度高、已违法如产品被责令召回或主动撤(召)回但未被曝光、公司被罚款但未被曝光、未被停产或取消生产许可证或吊销营业执照、未被判刑等	某一区域	高	高
较大（Ⅲ级）	较严重:如造成消费者身体不适但不需住院治疗;消费者投诉且索赔额度不高;产品主动撤(召)回但未被曝光;公司未被罚款、未被停产或取消生产许可证或吊销营业执照、未被判刑等)	整个组织	不关注	不关注
一般（Ⅳ级）	不严重:如未造成消费者身体不适、消费者正常投诉、不涉及产品撤(召)回、政府处罚等	组织内某一区域	不关注	不关注

5 组织机构及职责

可成立应急领导小组,并明确主要负责人、现场指挥人员及其成员的应急职责、工作任务、联系电话等。

同时明确相关部门的应急职责、工作任务、联系电话等。

相关职责如组织制订应急准备及响应预案,负责人员、资源配置以及应急队伍的调动,确定现场指挥人员,批准预案的启动与终止,事件状态下各级人员的职责,事件信息的上报工作,接受政府的指令和调动,组织应急准备及响应预案的演练,负责保护事件现场及相关数据等。

除此之外,还应确定政府相关部门、合作方、外部救援单位的名称、电话。

6 应急准备

应急准备工作,往往容易被忽视,或准备不充分,只有随时做好各种应急准备,针对可能发生的突发事件,才能迅速、科学、有序地开展应急行动。应急准备工作主要从以下几个方面入手:

① 建立健全突发事件应急预案体系;

② 建设应急基础设施和应急避难场所;

③ 建立应急物资储备保障制度;

④ 组建培训专、兼职应急队伍;

⑤ 开展应急知识宣传普及活动和应急演练;

⑥ 排查和治理突发事件风险隐患;

⑦ 应急设施、物资、场所检查、维护;

⑧ 应急经费等。

7 监测与预警

7.1 信息监测

① 确定信息监测方法与程序。

根据风险评估来确定需要被监测的风险。

确定信息监测的渠道和方法；

持续监控已定义区域内、专业知识范围内的已识别风险；

提供新出现风险的早期信息；

提供风险水平变化的信息；

规定需采取的应急措施等。

② 建立消费者投诉"绿色通道"、政府监管部门、新闻媒体等渠道信息来源与分析制度。

③ 建立信息收集、筛查、研判、预警机制等。

7.2 信息报告

建立信息报告程序，对早期发现的潜在隐患以及可能发生的突发事件进行报告，规定报告的职责、权限、时限，信息接收、内部通报的程序和方式，向上级主管部门、上级单位报告事件信息的流程、内容、时限和责任人，以及向本单位以外的有关部门或单位通报事件信息的方法、程序和责任人等，以确保信息的准确、畅通、及时。

7.3 信息研判

根据所获取的食品安全事件信息，进行事件信息核实，并对已核实确认的事件信息进行综合研判，确定事件的影响范围与严重程度以及事件发展蔓延趋势等。

7.4 信息预警

① 建立健全食品安全事件信息预警通报系统，按照早发现、早研判、早报告、早预警的原则，在未达到响应启动条件时，应急领导小组可做出预警启动的决策，及时开展事件预警工作，以便提前做好响应准备，实时跟踪事态发展。

② 预警信息：预警发布责任单位根据事件可能造成的危害程度、紧急程度和发展态势而发布的预告告知或态势通告等警示类信息。一般包括突发事件的类别、预警级别、起始时间、可能影响范围、警示事项、应采取的措施和发布机关等。

③ 制定信息内容宜考虑因素如下：

a.谁应发布预警；

b.谁应收到该信息；

c.何时发布预警；

d.预期将采取行动的人以及采取行动的原因；

e.预期采取什么行动，何时行动；

f.随着事态的发展有何种预测；

g.处于风险的人群如何获取补充信息。

④ 确定信息预警发布和传播的渠道、范围，做好与相关组织机构、部门的协调工作。

⑤ 预警启动后应开展的响应准备工作，包括队伍、物资、装备、后勤及通信等。

⑥ 明确预警解除的基本条件、要求及责任人。

8　应急响应

当达到响应启动条件时，应急领导小组可作出响应启动的决策，在响应启动后，应注意跟踪事态发展，科学分析处置需求，及时调整响应级别，避免响应不足或过度响应。

8.1　响应分级

针对食品安全事件分级采取不同的应急响应级别，明确应急响应的基本原则。

如特别重大食品安全事故，采取Ⅰ级响应；重大食品安全事故，采取Ⅱ级响应；较大安全事故采取Ⅲ级响应；一般安全事故采取Ⅳ级响应。可参照突发公共卫生事件分级，分别用红色、橙色、黄色和蓝色标示。

8.2　前期处置

组织前期派出人员到达事发地，或需通过网络沟通进行处置的人员，按照分工立即开展工作，随时报告事件处理情况，并根据需要开展相应的工作。各项工作可根据不同的突发事件进行详细的规定。

对可能涉及食品安全问题的产品应先行采取下架、隔离、封存等措施。

8.3　事件调查

开展事件调查，尽快查明原因，并评估事态的严重程度及危害性，对事件的性质、类型进行评估、鉴定后，做出结论。对已确定存在食品安全问题的产品应及时启动召回程序，按国家相关法规要求进行产品召回并报告。

8.4　告知及公告

按所规定的不同事件的告知渠道和范围进行告知或发布公告，对产品已导致人体健康和生命安全受到损害的情况，应主动向因本组织产品食品安全问题导致的受伤害的消费者进行赔偿。

8.5　后期处理

食品安全事件应急处置结束后，组织应对其处理情况进行总结，分析原因，提出预防措施，并追究有关人员责任。

可回顾应急准备及响应的整个过程，对《应急准备及响应程序》进行评审，根据提出的改进意见对文件进行修订。

9　相关文件

10　相关记录

11　附则

8.7　危害控制

8.7.1　概述

ISO 22000：2018 同样引用了制定 HACCP 计划的十二个步骤，十二个步骤的前五个为预备步骤，后七个为 HACCP 原理。制定 HACCP 计划的十二个步骤在 ISO 22000 中的应用如图 19 所示。

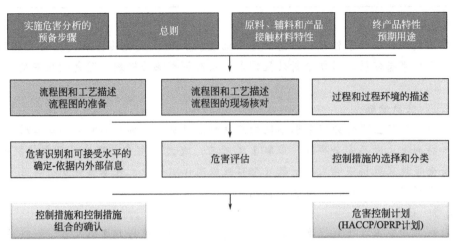

图 19   HACCP 十二个步骤在 ISO 22000 中的应用

组织的危害分析由食品安全小组进行，危害分析的主要方法有头脑风暴法、失效模式与后果分析法（FMEA）、ISO 31000 风险管理法等，分析步骤大致也遵循 HACCP 的 12 个步骤。

8.7.1.1   危害控制的步骤

（1）危害分析的预备步骤

①食品安全小组的成立；②收集有关的信息；③编写产品描述；④确定终产品的预期用途和消费者；⑤绘制产品流程图，并编制工艺描述。

（2）危害分析

①危害识别和可接受水平的确定；②危害评价；③危害控制措施的选择和评价；④关键控制点 CCP 的确定；⑤填写"危害分析工作单"。

（3）操作性前提方案（OPRP）的建立。

（4）HACCP 计划的建立

①确定关键控制点（CCP）的关键限值；②建立关键控制点的监视系统；③建立纠偏措施；④建立验证措施；⑤建立记录保持系统；⑥填写"HACCP 计划表"。

（5）预备信息的更新。

（6）OPRP、HACCP 计划的更新。

8.7.1.2   HACCP 计划的构成

①关键控制点所控制的食品安全危害；②控制措施；③关键限值（可测量的具体数据）；④监视程序；⑤关键限值超出时，应采取的纠正和纠正措施；⑥职责和权限；⑦监视的记录。

8.7.1.3   OPRP 计划的构成

①关键控制点所控制的食品安全危害；②控制措施；③行动准则（区别于 HACCP 计划，可测量或可观察）；④监视程序；⑤关键限值超出时，应采取的纠正和纠正措施；⑥职责和权限；⑦监视的记录。

8.7.2 危害分析的预备步骤

8.7.2.1 食品安全小组的成立

（1）食品安全小组的任务

① 确保食品安全管理体系的策划、实施、保持和更新。

② 负责制定和批准前提方案。

③ 进行危害分析，制定操作性前提方案，制定 HACCP 计划，并在必要时对它们进行修改。

④ 监督实施、监控 HACCP 计划，并对食品安全管理体系进行验证。

⑤ 对控制措施组合进行确认；对验证结果进行评价和分析。

⑥ 协助人力资源部对全体人员进行食品安全方面的培训等。

（2）食品安全小组的要求

① 食品安全小组应由具有不同专业知识的人员组成，这些人员应具备参与建立、实施食品安全管理体系的经验。能够证明人员能力（知识、经验等）的证据如学历证明、从业经验证明、技术职称证书等，都要作为记录保存。

② 食品安全小组的知识和经验至少应覆盖组织食品安全管理体系范围内的产品、过程、设备和食品安全危害。

③ 食品安全小组成员主要是企业内各个主要部门的代表，分别来自维护、生产、卫生、质量控制、食品开发、采购、运输、销售以及直接从事日常操作的岗位。

④ 在较大的公司，可以组成食品安全管理组，并下设独立的分组管辖各产品组或车间。管理组主要负责协调、组织、策划和验证食品安全管理体系，分组则承担体系的实施和现场检查等执行方面的职责。

8.7.2.2 收集有关的信息

在进行危害分析之前，企业应搜集出口国及当地国的法律法规，识别其中的要求并遵守，危害分析应在组织遵守的法律框架内实施，不应逾越法律法规的红线，同样危害分析也要考虑到顾客的要求，顾客是企业的生存之本，组织应识别顾客要求并遵守。

组织应考虑公司的产品、生产工艺、设备特点，并作为危害分析的输入材料，确保食品安全危害分析覆盖公司产品、工艺及设备。

除考虑产品外，组织还应考虑食品安全管理体系的潜在影响因素，如组织所处的社会环境、经济环境、政治环境、竞争因素等，确保危害分析覆盖面足够大，以减少或降低食品安全危害到可接受水平，具体应考虑：

① 原料、辅料、与食品接触材料涉及到的技术标准、质量标准、卫生安全标准。

② 与本公司产品有关的法律法规；与本公司产品有关的国家、行业质量标准；与本公司产品安全相关的外部文献资料，尤其是对食品安全的新要求、新动向。

③ 厂区平面图，车间平面图，公司生产区域水路管网图，生产现场的人流、物流图，卫生设施配置图，生产设备分布图，卫生管理区域图，虫害防治图，工艺流程图。

④ 产品贮存设施与贮存条件；公司使用的化学品、添加剂清单及使用范围。

⑤ 工艺文件，卫生管理文件，化学品特性资料。

⑥ 公司历史上的客户投诉与食品安全事故。

8.7.2.3 编写产品描述

（1）原料、辅料以及与产品接触的材料特性描述

应以文件的形式对所有原料、辅料和与产品接触的材料特性进行描述，参见表30。

适用时，特性描述的内容包括如下方面：①化学、生物和物理特性。②配制辅料的组成，包括添加剂和加工助剂。③产地。④生产方法。⑤包装和交付方式。⑥贮存条件和保质期。⑦使用或生产前的预处理。⑧原料和辅料的接收准则或规范。接收准则和规范中，应关注与原料和辅料预期用途相适宜的食品安全要求。

表30　原辅料特性描述

名称或类似标识：		
产地		
采购方式（直接采购/集团统一采购/临时采购）		
供应商名称及类型（直接生产厂家/经销商/商超）		
生产方法		
配制辅料的组成		
包装及交付方式		
贮存条件及保质期		
使用或生产前的预处理		
重要的特性（化学、生物、物理）		
质量标准		
接受准则或用途说明		

（2）终产品特性的描述

应以文件的形式对终产品的特性进行描述。

终产品特性描述的内容包括如下方面：①产品名称或类似标识；②成分；③与食品安全有关的化学、生物和物理特性；④预期的保质期和贮存条件；⑤包装；⑥与食品安全有关的标识和（或）处理、制备及使用的说明；⑦适宜的消费者；⑧销售方式。

（3）特性描述时的注意事项

① 在对产品特性进行描述时，应识别与描述的内容相关的法律法规的要求。

② 产品特性描述的详略程度，应以能保证实施危害分析时的需要为原则。

③ 产品特性的描述应随着其组成内容的变化而变化。

8.7.2.4 确定终产品的预期用途和消费者

（1）预期用途的内容

① 预期用途即产品的使用方法及使用要求。在终产品的特性描述中，应将预期用途、合理预期的处理以及非预期但可能发生的错误处置和误用情况包括在内。

② 预期用途中要说明产品的适用人群，对其中的易感人群（不宜使用本产品的人群）应特别地说明。

（2）预期用途描述时的注意事项

① 产品用途不同，其危害分析结果和危害的控制方法是不同的，因此预期用途的描述要详尽。

② 预期用途描述的详略程度，应以能保证实施危害分析时的需要为原则。

③ 预期用途描述非常重要，食品是否安全不仅与食品本身有关，还与食用食品的人群有直接关系，如可口可乐中糖含量，对于糖尿病人群不安全，而对于普通人群则没有危害。

终产品特性及预期用途描述见表31。

表31 终产品特性及预期用途描述

序号	项目	内容	
1	产品名称		
2	配制辅料的组成		
3	产地		
4	销售地点		
5	生产厂家		
6	生产方法		
7	重要的特性(化学、生物、物理)		
8	公司产品执行企业标准	项目	指标
		外观	
		气味	
		结构	
		菌落总数	
		大肠菌群	
		致病菌	
9	包装及交付方式		
10	贮存条件及保质期		
11	使用或生产前的预处理		
12	预期用途		

8.7.2.5 绘制产品流程图，并编制工艺描述

（1）流程图的作用

流程图是用简单的方框或符号，清晰、简明地描述从原料接收到产品储运的整个过程以及其他相关的辅助加工步骤。流程图的绘制，为评价食品安全危害可能地出现、增加或引入提供了基础。

（2）流程图的内容

组织应绘制食品安全管理体系覆盖的产品或过程的流程图。

流程图的内容包括：①操作中所有步骤的顺序和相互关系；②源于外部的过程和分包工作；③原料、辅料和中间产品投入点；④返工点和循环点；⑤终产品、中间产品和副产品放行点及废弃物的排放点。

（3）流程图绘制的注意事项

① 流程图应清晰、准确和详尽地列出加工的所有步骤和环节。

② 为有助于危害识别、危害评价和控制措施评价，除了绘制产品流程图外，还可根据需要绘制其他的图表或车间示意图或用文字进行描述（如气流、人流、设备流、物流等），以显示其他控制措施的相关位置及食品安全危害可能引入和重新分布的情况。一般需在工厂平面示意图中标明物流、人流、设备流等。物流示意图：包括物料从进厂接收起，经贮存、制备、加工、包装、成品贮藏到装运出厂的整个流程。人流图：表明员工在工厂内的流动情况，包括更衣室、厕所和餐厅。洗手和鞋靴消毒设施的位置也应该标明。

③ 流程图绘制完成后，食品安全小组应通过现场核对来验证所绘制流程图的准确性。验证无误的流程图应作为记录予以保存。

本步骤也是 CAC 建立 HACCP 计划的预备步骤的应用，流程图直接关系到危害分析是否准确，如果流程图未全部覆盖，那么分析时就会有所遗漏，遗漏部分工艺流程未经过危害分析，其中的危害也就无法策划控制措施，所以应确保工艺流程图准确。需要说明的是，无论二方还是三方审核，工艺流程图的确认都是必不可少的。

（4）工艺描述的要求

所谓工艺描述，就是对过程流程图中的每一步骤的控制措施进行描述。描述的详略程度，应以保证实施危害分析时的需要为原则。

符合这种描述的控制措施包括但不限于下列措施：①拟包含或已包含于操作性前提方案的控制措施，如防止交叉污染；②过程流程图里规定步骤中应用的控制措施，如杀菌；③应用于终产品中作为内在因素的控制措施，如终产品的 pH 值；④由外部组织（如顾客或主管部门）确定的且将包含于危害评价中的任何控制措施，如法规中规定的食品添加剂的添加量；⑤应用于食品链其他阶段（如原料供应商、分包方和顾客）和/或通过社会方案实施（如环保措施）并将包含于危害评价中的控制措施，如通过标识提醒顾客产品对易感人群的影响，以防止危害发生。

工艺描述的内容包括过程参数及其实施的严格度、工艺控制方法及要求、工作程序，还包括可能影响控制措施的选择及其严格程度的外部要求（如来自顾客或主管部门）。

8.7.3 危害分析

在确定物理、化学及生物危害后，企业应确定相应控制措施。危害分析的步骤如图 20 所示。

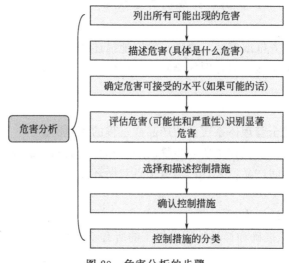

图 20 危害分析的步骤

8.7.3.1 危害识别和可接受水平的确定

（1）危害识别

组织应识别出流程图中每个步骤中的所有潜在危害，危害识别时应全面考虑产品本身、生产过程和实际生产设施涉及的生物性、化学性和物理性三个方面的潜在危害。

生物性危害是指对原料、加工过程和食品造成危害的微生物，包括致病性微生物（主要指有害细菌）、病毒、寄生虫等。化学性危害是指食用后引起急性中毒或慢性积累性伤害的化学物质，包括天然毒素类、食品添加剂和其他污染物（如农药残留等）。物理性危害是指食用后可能导致物理性伤害的异物，如玻璃、金属碎片、石块等。

危害识别可基于如下信息：

① 原料、辅料、食品接触材料本身的食品安全危害及其控制措施，生产过程引入、增加和控制的食品安全危害，以及对组织控制范围外食品安全危害的控制措施。

② 组织的自身历史经验，如组织曾发生的食品安全危害。

③ 外部信息，如流行病学和其他历史数据。

④ 来自食品链中，可能与终产品、中间产品和消费食品的安全相关的食品安全危害信息。

⑤ 原料、配料或与食物接触材料中危害的流行状况。

⑥ 来自设备、加工环境和生产人员的污染。

⑦ 残留的微生物或物理药剂。

⑧ 微生物的增长或化学药剂的累积。

⑨ 厂区出现的危害（危害的未知传播途径）。

（2）危害识别的要求

① 应指出每个食品安全危害可能被引入的步骤（从原料、生产和分销）。此时应考虑：特定操作的前后步骤；生产设备、设施、服务和周边环境；在食品链中的前后关联。

② 危害应当以适当的术语表达，如生物性危害（例如大肠埃希菌）的生物种类、物理性危害（例如玻璃、骨头渣）的物体种类、化学性危害（例如化学药品、农药、杀虫剂、洗手液等）的化学构成。

（3）可接受水平的确定

在识别危害的同时，应确定危害的可接受水平。可接受水平指的是为确保食品安全，在组织的终产品进入食品链下一环节时，某特定危害所需要达到的水平。如下一环节是实际消费时，即食品用于直接消费的可接受水平。终产品的可接受水平应通过下一个或多个来源获得的信息确定：

① 由销售国政府权威部门制定的目标、指标或终产品准则。

② 与食品链下一环节组织（经常是顾客）沟通的规范，特别是针对用于进一步加工或非直接消费的终产品。

③ 与顾客达成一致的可接受水平和/或法律规定的标准，食品安全小组制定的可接受的最高水平。

④ 缺乏法律规定的标准时，通过科学文献和专业经验获得。

8.7.3.2 危害评价

（1）危害评价的作用

对识别出的危害进行评价，以确定需要组织进行控制的危害。

（2）危害评价的标准和方法

危害发生可能性是指危害发生的难易程度。危害后果严重性是指消费该危害的产品后（危害暴露）产生后果的严重程度。根据危害发生的可能性和危害后果的严重性来确定是不是显著危害。

显著危害必须具备两个特性：①有可能发生（有发生的可能性）；②一旦控制不当，可能给消费者带来不可接受的健康风险（后果的严重性）。

一般根据工作经验、流行病学数据、客户投诉及技术资料等信息来评估危害发生的可能性；一般用政府部门、权威研究机构向全社会公布的风险分析资料、信息来判定危害的严重性。

（3）危害评价的要求

①应描述危害评价的方法；②应记录食品安全危害评价的结果。

8.7.3.3 危害控制措施的选择和评价

食品安全小组应针对已评价出的危害选择适宜的控制措施（或控制措施组合），并对控制措施的有效性进行评价。

（1）控制措施的选择

应对所选择的控制措施进行分类，以决定是否需要通过操作性前提方案（OPRP）或HACCP计划对其进行管理，关键控制点的控制措施由HACCP计划来管理，其余危害的控制措施由操作性前提方案来管理。换言之，如果控制措施的识别和评定不能确定关键控制点，则潜在的危害须由操作性前提方案来控制。

一般而言，当已识别的危害与产品本身或某个单独的加工步骤有关时，必须由HACCP计划来控制；当识别的危害只与环境或人员有关时，一般由操作性前提方案来控制。有时同一个危害可能由HACCP计划和操作性前提方案共同控制，如HACCP计划控制病菌的杀灭，操作性前提方案控制病菌的再污染等。必须说明的是，控制措施的分类不是绝对的。只要最终的控制措施组合能够预防、消除或减少食品安全危害至规定的可接受水平即可。

应将对控制措施进行分类的方法和参数形成文件。控制措施分类判断树（见图21）是确定控制措施分类的一种有用工具。控制措施分类判断树针对每一种控制措施设计了一系列逻辑问题，HACCP计划小组按顺序回答决策树中的问题，便能决定某一控制措施属于哪一类。但需注意的是，判断树不能代替专业知识。

（2）控制措施的评价

应对控制措施的有效性进行评价，应保存控制措施评价结果的记录。评价控制措施的有效性需要以下信息：对微生物性危害影响的性质和因素；将影响哪一类已确定的危害；控制措施被预期应用的阶段或位置；生产参数及其操作的不确定性（如操作失败的概率），以及实际操作的严格程度；操作性质，如调整和变动的可能性。

注：严格程度可受多种非直接影响因素的限制，如有关终产品准则的不安全因素（如蛋白质的变质）、产品性质（如水含量、pH值、含盐量和/或含糖量）、产品可识别性（身份）、消费者方便程度、工艺重点（如可能的加工时间、员工能力）、设备本身的能力（如流量、容量）和技术（如有效过滤孔径）。

操作性前提方案或HACCP计划在实施前，要对其有效性进行确认。

8.7.3.4 关键控制点的确定

（1）关键控制点的定义

关键控制点（CCP）的定义是能够施加控制，并且该控制对防止或消除食品安全危害或

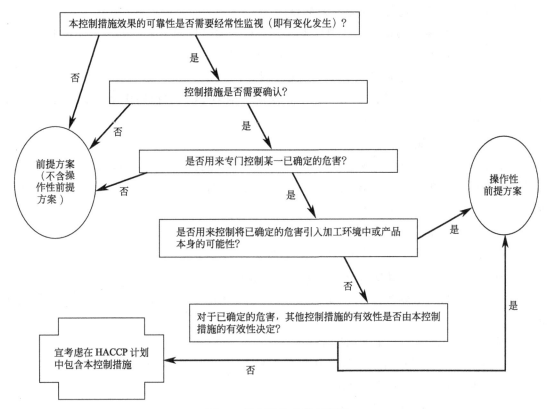

图 21　控制措施分类判断树

将其降低到可接受水平是所必需的某一步骤。

（2）确定关键控制点应注意的问题

① 要区分关键控制点和控制点。

控制点是指食品链中，能够控制生物、化学、物理因素的步骤或工序。而只有某一点或某些点被用来控制显著食品安全危害时，才有可能被认为是关键控制点。因此可以说，关键控制点肯定是控制点，但并不是所有的控制点都是关键控制点。

② 要明确关键控制点和危害的关系。

a. CCP 是 HACCP 计划中列明的、需要加以重点控制的点、步骤或过程。CCP 是用来控制显著危害的。

b. 一个关键控制点可以控制一种以上的显著危害，例如加热既能控制细菌所引起的危害，又能控制某些病毒和寄生虫所引起的危害。

c. 几个关键控制点可以用于控制同一种显著危害，例如在蒸熟的汉堡饼中控制病原体，如果蒸熟时间取决于饼的厚度，那蒸熟和制饼的步骤都被认为是关键控制点。

d. 生产和加工的特殊性决定关键控制点的特殊性。因为危害及其控制点可以随下列因素变化：生产线、产品配方、加工工艺、设备、原辅料、卫生和支持性程序。所以，一条加工线上确定的某一产品的关键控制点，与另一条加工线上的同样的产品的关键控制点不同。

e. 有时同一个危害可能由 HACCP 计划和操作性前提方案共同控制，如 HACCP 计划控制病菌的杀灭，操作性前提方案控制病菌的再污染等。

③ 显著危害所介入的那个步骤，不一定是 CCP，因为随后的步骤或工序可能控制该显

著危害。CCP应是控制显著危害最有效的点。

④ 应该根据已确定的控制措施确定关键控制点。如果控制措施的识别和评定不能确定关键控制点，则潜在的危害须由操作性前提方案来控制。

⑤ 在某些产品加工中可能识别不出关键控制点。

⑥ CCP不要太多，太多就失去了重点，反而会削弱CCP的控制作用。根据美国FDA的推荐，一般只需3～5个CCP。

（3）确定关键控制点的原则

如果显著危害在这一点（或这一步骤/过程）不能得到控制，那么以后就没有控制该显著危害的方法了，则该点（步骤/过程）一定是关键控制点。以下各点可被认为是关键控制点：

① 当危害能被预防时，这些点可以被认为是关键控制点。

a.通过控制原料接收来预防病原体或药物残留。

b.通过对配方或添加过程的控制来预防化学危害。

c.通过设计配方或添加配料抑制病原体在成品中的生长，例如调节pH值或添加防腐剂。

d.通过冷冻贮藏或冷却来抑制病原体生长。

② 能将危害消除的点可以被确定为关键控制点。

a.在蒸煮的过程中，病原体被杀死。

b.金属碎片能通过金属探测器检出。

c.寄生虫能通过冷冻被杀死。

③ 能将危害降低到可接受水平的点可以被确定为关键控制点。

a.通过人工挑选和自动收集使外来杂质的引入降低到最低程度。

b.通过从认可的种植基地、养殖基地、安全水域获得原料，使某些微生物和化学危害被减少到最低程度。

（4）确定关键控制点的方法

CCP判断树（图22）是确定CCP的一种有用的工具。CCP判断树针对每一种危害设计了一系列逻辑问题，HACCP小组按顺序回答判断树中的问题，便能决定某一步骤是否为CCP。但需注意的是，判断树不能代替专业知识。

通过CCP判断树回答下列5个问题来判断CCP。

问题1：是否为显著性危害？

如果回答是，则继续问题2。

如果回答否，则不是CCP。

问题2：对已确定的危害，在本步或随后的加工步骤是否有相应的控制措施？

如果回答是，则继续问题3。

如果在加工中不能确定控制措施能控制危害，回答否。则接着问：对食品安全来说，这步控制是必要的吗？如果也回答否，该步骤不是关键控制点，转移到下一个显著危害进行判断。如果回答是，那么就算确定了一个在现行条件下无法控制的显著危害，在这种情况下，必须对这个步骤、过程或产品进行重新设计，使其能够被控制。有时确实无法找到合理的预

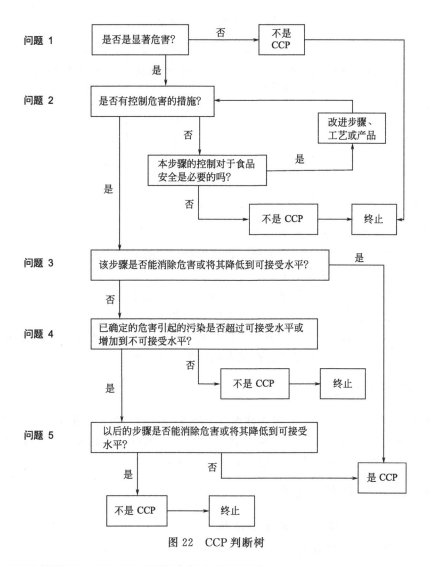

图 22 CCP判断树

防措施，在这种情况下，HACCP不能确保产品的安全。

问题3：本步骤能否将发生显著危害的可能性消除或降低到可接受水平？

要回答这个问题，就要考虑它是否是控制此危害的最好步骤？如果回答是，那么这步为关键控制点，转移到下一个显著危害。如果回答否，继续问题4。

问题4：已确定的危害造成的污染是否超出可接受水平或增加到不可接受的水平？

这个问题在本步中指存在、发生或增加的污染。如果回答否，那么这步骤不是关键控制点，转移到下一个显著危害进行判断。如果回答是，那么继续第5个问题。

问题5：下一步是否能消除危害或将其降低到可接受水平？

如果回答否，那么该步骤是关键控制点，如果回答是，那么这步不是关键控制点，在这种情况下，该危害将通过接下来的加工步骤控制。

8.7.3.5 填写"危害分析工作单"

将危害分析的结论填写在标准的"危害分析工作单"中。一般采用美国FDA推荐的标准化表格（表32）。

表 32　危害分析工作单

产品名称：

加工工序 (1)	本工序被引入、控制或增加的潜在危害 (2)	潜在的危害是否显著 （是/否） (3)	第(3)栏的判断依据 (4)	能用于显著危害的控制措施是什么 (5)	本工序是不是关键控制点 （是/否） (6)
	生物性危害				
	化学性危害				
	物理性危害				

"危害分析工作单"的填写要求如下：

第（1）栏填入加工工序（包括辅料、包装材料的验收和贮存）；

第（2）栏填入存在的潜在危害；

第（3）栏填入对危害是不是显著危害的判断结论（是或否）；

第（4）栏填入判断潜在危害是不是显著危害的理由；

第（5）栏填入控制显著危害的措施或说明是以后的哪个步骤控制这些显著危害；

第（6）栏填入本步骤是不是关键控制点的结论（是或否）。

8.7.4　OPRP 的建立

危害控制措施中有一部分是由操作性前提方案来管理的，为此我们需要建立操作性前提方案。操作性前提方案有助于减少或降低食品安全危害到可接受水平，一般如果 OPRP 失控，需经过验证或检测证明符合相关标准后，才可以进行。

8.7.5　HACCP 计划的建立

8.7.5.1　确定关键控制点的关键限值

（1）关键限值与操作限值的说明

① 关键限值与操作限值的定义

关键限值（critical limit，CL）：区分可接受和不可接受的判定值。

操作限值（operating limit，OL）：操作限值比关键限值更严格，是操作人员用以降低偏离关键限值风险的标准。

② 设立操作限值的意义

偏离关键限值时，不可避免地要采取纠正措施。纠正措施不仅很复杂，还可能造成停产、产品返工甚至销毁。因此避免关键限值的偏离是很重要的，设立操作限值就是为了避免关键限值的偏离，进而最大限度地避免损失，确保产品安全。

操作限值比关键限值更严格，当控制超出操作限值（但未超过关键限值）时，现场可马上进行加工调整，在参数偏离关键限值之前，使生产加工重回到正常状态，而不需要采取纠正措施。

（2）确定关键限值的目的

确定关键限值的目的是保证关键控制点受控，以确保终产品食品安全危害不超过其可接受水平。关键控制点确定后，应为每个关键控制点建立关键限值。

（3）确定关键限值的注意事项

①关键限值要具有直观性、可操作性，要易于监测。关键限值可以是一个控制点，也可以是一个控制区间，即关键限值是一个或一组最大值或最小值。②关键限值要合理、适宜、实用。不要过严，否则即使没有发生影响到食品安全危害的情况，也要采取纠正行动，导致生产效率下降和产品的损失；也不要过松，否则就会使产生不安全产品的可能性增加。③应仅基于食品安全的角度来考虑建立关键限值。当然企业还要综合考虑能源、工艺、产品风味等问题。④要保证关键限值的监测能在合理的时间内完成。⑤偏离关键限值时，最好只需销毁或处理较少产品就可实现纠正。⑥最好不打破常规方式。⑦不违背法规和标准。⑧不要混淆前提方案或操作性前提方案。⑨基于感官检验确定的关键限值，应形成作业指导书或规范，由经过培训且考核合格的人员进行监视。⑩每个 CCP 必须有一个或多个关键限值。如：某一乳品加工线上，针对显著危害病原性微生物的一个 CCP 是巴氏杀菌工序，其关键限值是杀菌温度≥72℃，杀菌时间≥15s。

（4）关键限值的类型

在实际工作中，要用一些物理参数（时间、温度、含量、大小等）、化学参数（pH 值、水分活度、盐分等）、感官指标（外观、色泽、口感、气味等）作为关键限值，而不要用费时费钱、操作复杂的微生物学指标（如"不得检出致病菌"）作为关键限值。

（5）关键限值确定的依据

确定关键限值要有科学依据，需要参考的资料证据有：①食品销售地国家法律法规；②食品销售地国家标准、行业标准；③实验室的检验结果；④相关专业的科技文献；⑤公认的惯例；⑥客户、专家、消费者协会的建议等。上述资料、证据应形成 HACCP 计划的支持性文件。

8.7.5.2　建立关键控制点的监视系统

（1）监视系统的作用

①跟踪加工过程，发现可能偏离关键限值的趋势并及时采取调整措施。②当一个 CCP 发生偏离时，查明何时失控（通过查看监视记录，找出最后符合关键限值的时间）。③提供监控记录，用于验证。

（2）监视系统建立时的注意事项

①对每个关键控制点应建立监视系统，监视系统应包括所有针对关键限值的、有计划的测量或观察。②监视的方法和频率，应能保证及时发现关键限值的偏离，以便在产品使用或消费前对产品进行隔离。③应建立和保持由程序、指导书和表格构成的文件化的监视系统。

（3）监视系统的内容

① 监视的对象　监视的对象是关键限值的一个或几个参数。监视可以是检测产品或测量加工过程的特性，也可以是检查一个 CCP 的控制措施是否实施，如检查供应商的原料证明。

② 监视的方法　监视的方法应能保证实时提供结果以便快速判定关键限值的偏离，保证产品在使用或消费前得到隔离。一般而言，物理和化学参数测定能快速地进行，是很好的监视方法。而微生物检测方法，由于时间长，一般不作为检测的手段。

③ 监视的设备　应根据监视对象和监视方法选择监视设备。如温度计、pH 计、水分活度计、传感器、化学分析仪器等。

④ 监视的地点　在所有的关键控制点处进行监视。

⑤ 监视的频率　监视可以是连续的，也可以是非连续的，如果条件许可，最好采用连

续监控。需注意的是，一个能连续自动记录监视值的监视设备本身并不能控制危害，因此要定期检查连续监视的记录。检查这些自动记录的周期越短越好。检查自动记录的周期至少应能使不正常的产品装运前就能被分离出来。当然有的自动监视设备同时装有报警装置，此时就不用人检查连续监视的记录了。实施非连续监控时，应尽量缩短监视的时间间隔，以便发现可能的偏离。

确定监视频率时应考虑：

a.产品加工是否稳定或变化有多大。变化大时，监视的频率要增大。

b.产品正常值与关键限值是否接近。越接近，监视频率越高。

c.偏离关键限值时，受影响产品的数量。数量越大，监视频率越高。

⑥ 监视的实施者以及监视结果的评价人员　一般是在生产线上的操作者、设备操作者、监督人员、质量控制人员、维修人员等。

应明确监视人员的职责和权限。监视人员应随时报告所有不正常的突发事件和偏离关键限值的情况，以便及时进行调整和采取纠正措施。

监视结果的评价人员一般是有权启动纠正措施的人员。应以文件形式明确评价人员的职责。

⑦ 监视的记录　每个CCP的监视记录都要有监视人员和评价人员的签名。

⑧ 监视结果的评价　对监视结果要进行评价，以确定成功与否以及需要采取的纠正措施。

8.7.5.3　建立纠正措施

（1）纠正和纠正措施的组成

食品安全小组应在"HACCP 计划表"及相应的程序文件、作业指导书中规定偏离关键限值时所采取的纠正和纠正措施。

纠正和纠正措施由两个方面组成：①纠正、消除产生偏离的原因，使 CCP 重新恢复受控，并防止再发生。当发生偏离时，应及时采取措施将偏离的参数重新调整到关键限值的范围内（即纠正），同时，分析偏离产生的原因，采取纠正措施，防止这种偏离再次发生。组织应对纠正和纠正措施的有效性进行确认。②按潜在不安全产品处置的要求隔离、评估和处理在偏离期间生产的产品。处置后的产品经评价合格后才能放行。

（2）纠正和纠正措施实施时的注意事项

① 纠正和纠正措施应明确负责采取纠正措施的责任人、具体的纠正方法、对受关键限值偏离影响的产品的处理、对纠正行动的记录。

② 对于有操作限值的 CCP，当 CCP 偏离操作限值，而没有偏离关键限值时，只需采取调整使 CCP 重新回到操作限值即可。当 CCP 偏离操作限值，又同时偏离关键限值时，应按照 HACCP 计划中的规定采取纠正和纠正措施。

③ 应对采取的纠正和纠正措施做好记录，记录的内容包括：偏离的描述、产品的评估、采取的纠正和纠正措施、负责采取纠正措施人员的姓名以及必要的对纠正措施验证的结果。

8.7.5.4　建立验证措施

食品安全小组应在"HACCP 计划表"及相应的程序文件、作业指导书中规定如何对食品安全管理体系进行验证。

验证的项目一般包括：前提方案与操作性前提方案的验证、HACCP 计划的验证、CCP

的验证、食品安全管理体系内部审核、最终产品的微生物检测。

（1）前提方案与操作性前提方案的验证

对前提方案与操作性前提方案进行验证，以评价前提方案与操作性前提方案实施的有效性。验证由食品安全小组成员进行。前提方案的验证内容参见"8.8PRP 和危害控制计划规定信息的更新"相关内容。OPRP 验证和 HACCP 计划验证基本相同。

前提方案与操作性前提方案的验证应定期进行，在产品或工艺过程有显著改变或系统发生故障时，应追加进行前提方案与操作性前提方案的验证。

（2）HACCP 计划的验证

对 HACCP 计划进行验证，以评价 HACCP 计划实施的有效性。验证由食品安全小组成员进行。HACCP 计划的验证内容参见"8.8PRP 和危害控制计划规定信息的更新"相关内容。

HACCP 计划的验证应定期进行，在下列特殊情况下，应追加进行 HACCP 计划的验证：①HACCP 计划实施之初；②原料的改变；③产品或加工的改变；④复查时发现数据不符或相反；⑤重复出现同样的偏差；⑥有关危害或控制手段的新信息（原来依据的信息来源发生变化）；⑦生产中观察到异常情况；⑧出现新的销售或消费方式。

（3）CCP 的验证

CCP 的验证包括：CCP 监视设备的校准、校准记录的审查、针对性的取样检验和 CCP 记录的审查。

① CCP 监视设备的校准　对 CCP 中用于验证及监视步骤的设备和仪器，应以一种能确保测量准确度的频率进行校准。如果在校准中发现监控设备超出了允许误差范围，那么从上一次校准到本次校准之间的产品有可能是失控的，需要重新进行评价。

② 校准记录的审查　审查的内容包括：校准日期是否符合规定的频率要求，校准的方式是否正确，校准数据是否完整，校准结果的判定是否正确，是否有校准者签名，发现不合格监控设备后的处理方法是否适当。

③ 针对性的取样检验　当原料验收作为 CCP 时，往往会把供应商作为监控对象。供应商是否可信，需要通过针对性的取样检测来验证。当关键限值设定在设备操作中，可抽查产品以确保设备设定的操作参数符合要求。

④ CCP 记录的审查　每一个 CCP 至少有两种记录，即监控记录和纠正记录。CCP 记录的审查不能仅仅只检查记录的有无，还应审查监视记录以及纠正记录的完整性、正确性、可利用性，这样才能达到验证 HACCP 计划是否被有效实施的目的。CCP 记录审查的内容如下。

a. 监控记录审查的内容：监控是否按照规定的方式进行；关键限值是否符合要求；关键限值发生偏离时是否采取了纠正措施；记录中是否写明了实际观察到的结果，而不仅仅是写出"OK""达到"或"超过"等总结性词语；记录中是否有监控者的签名；记录中是否有食品名称和生产批号；记录中是否有生产加工企业名称和地址。

b. 纠正记录审查的内容：纠正措施记录中是否有采取纠正的时间；纠正措施记录中是否有原因分析、潜在不合格品的处理、纠正措施的实施与验证的内容；纠正措施记录中是否有实施者、批准者、验证者的签名；纠正记录是否有食品名称和生产批号；纠正记录中是否有生产加工企业名称和地址。

（4）食品安全管理体系内部审核

详见 ISO 22000 标准"内部审核"。

（5）最终产品的微生物检测

日常监控中一般不采用微生物检测方法，但微生物检测是验证食品安全的有效工具。

HACCP 计划的实施已保证终产品最大限度的安全，可用最终产品的微生物检测确定整个过程是否处于受控状态，进而保证食品安全指标达到相关法律法规及顾客的要求。

8.7.5.5　建立记录保持系统

食品安全小组应在"HACCP 计划表"及相应的程序文件（如《记录控制程序》）、作业指导书中规定如何对食品安全管理体系的记录进行管理，包括应做好哪些记录，对记录应如何保存等。

8.7.5.6　完成"HACCP/OPRP 计划表"

将 HACCP 计划设计的结果填写在标准的"HACCP 计划表"中。一般采用美国 FDA 推荐的标准化表格，见 HACCP 计划表（表 33）和 OPRP 计划表（表 34）。

表 33　HACCP 计划表

关键控制点 (1)	显著危害 (2)	关键限值 (3)	监控				纠正措施 (8)	验证 (9)	记录 (10)
			对象 (4)	方法 (5)	频率 (6)	人员 (7)			

批准：　　　　　　　日期：

表 34　OPRP 计划表

关键控制点 (1)	显著危害 (2)	行动准则 (3)	监控				纠正措施 (8)	验证 (9)	记录 (10)
			对象 (4)	方法 (5)	频率 (6)	人员 (7)			

批准：　　　　　　　日期：

"HACCP/OPRP 计划表"的填写要求如下：

第（1）栏填入"危害分析工作单"确定的关键控制点。

第（2）栏填入"危害分析工作单"确定的显著危害。

第（3）栏填入为关键控制点建立的关键限值（或 OPRP 的行动准则）。

第（4）栏填入要监视的对象。监视的对象可以是产品或过程的特性，也可以是供应商的原料证明。

第（5）栏填入监视的方法。监视的方法可以是测量或观察。

第（6）栏填入监视的频率。

第（7）栏填入监视的实施者。

第（8）栏填入偏离关键限值时所采取的纠正和纠正措施。

第（9）栏填入 CCP 的验证措施，包括何时对 CCP 监视设备进行校准、何时进行针对性的取样检验、何时进行 CCP 记录的审查（包括监控记录、纠正记录的审查）。

第（10）栏填入要做的记录，包括监控记录、纠正记录、监视设备校准记录、针对性取样检验记录等。

8.7.6　预备信息的更新

在编制操作性前提方案、HACCP 计划后，如发现先前的预备信息，如产品特性、预期用途、流程图、过程步骤、控制措施等需要改变，则应适时对相关文件进行更改。

8.7.7　操作性前提方案、HACCP 计划的更新

在下列情况下，应根据需要，对危害分析的输入进行更新，重新进行危害分析，并对操作性前提方案、HACCP 计划进行更新：

① 原料的改变；

② 产品或加工的改变；

③ 复查时发现数据不符或相反；

④ 重复出现同样的偏差；

⑤ 有关危害或控制手段的新信息（原来依据的信息来源发生变化）；

⑥ 生产中观察到的异常情况；

⑦ 出现新的销售或消费方式。

8.8　PRP 和危害控制计划规定信息的更新

① 最高管理者对于及时更新食品安全管理体系负有领导责任，更新的具体执行由食品安全小组落实。本标准对更新的输入做了具体规定，并明确规定应有输出记录，并向最高管理者报告。

② 食品安全小组应在定期分析下列信息的基础上，对食品安全管理体系作出评价，以决定是否对其进行更新，以便将最新信息应用到现有食品安全管理体系。必要时，还需要对危害分析、OPRP、HACCP 计划进行评审，以决定是否对它们进行更新。

应定期分析的信息如下：a. 来自内部和外部沟通的输入。b. 验证活动结果分析的输出。c. 来自有关食品安全管理体系适宜性、充分性和有效性的其他信息的输入。d. 管理评审的输出。

③ 应记录食品安全管理体系的更新情况。更新所引发的文件更改，应按文件控制的要求进行。应将食品安全管理体系的更新情况形成报告，作为管理评审的输入。

8.9　监视和测量的控制

8.9.1　对关键参数监控

显而易见，为了对 CCP、OPRP 及其他关键参数进行监控，那么计量器具就要非常准

确，如何进行"监视和测量的控制"以下稍做几点说明。

（1）所使用的监视和测量设备应在使用前按规定的时间间隔进行校准或检定

"所使用的监视和测量设备"是指："用于与前提方案（PRP）和危害控制计划相关的监视和测量活动"的监视设备，更进一步就是"CCP和OPRP的监视系统"提到的用于监视关键控制点（CCP）关键限值和操作性前提方案（OPRP）行动准则的监视和测量设备。如果它们不经过校准或者检定，我们就无法知道我们获得的测量值或观察值是否准确，能不能真正反映实际的水平，也难以判定监视的结果是好还是不好，是否能满足体系标准要求。

如何校准和检定？ISO 22000：2018指出，"可溯源到国际或国家标准"，也就是公认的标准，如果不存在公认的标准，校准或检定的依据则应作为成文信息保留。比如，目前在食品行业常用的金属探测器没有公认的校准标准，但是我们可以要求金属探测器的制造商对组织正在使用的金属探测器做维护保养，同时用供应商的标准进行验证，看看是不是能够满足监视的要求。

（2）所使用的监视和测量设备的校准状态应得到识别

传统的方法是检定或校准合格后，计量设备上粘贴"合格证"，标明检定或校准日期；但粘贴不牢靠，导致容易脱落，这样久而久之就变成了无编号无合格标识的设备。而且，合格证脱落也会成为异物。

因此，目前比较统一的做法是把监视和测量设备的检定或者校准合格证按照编号登记在册，然后保留检定或校准的书面证明。这样既能保证现场没有任何校准或者检定不合格的监视和测量设备，也可以有效防止合格证脱落变成异物的风险。

（3）若校准或检定不符合要求，应对受影响的产品采取适当的措施

校准或检定不符合要求，就相当于过程不合格。对此，①停止使用该校准或检定不符合要求的监视和测量设备，对于这个不合格的设备，可以维修，也可以报废，或者更换另外一台设备，但是新设备在使用前仍旧需要校准或者检定。②对在校准或检定不符合要求条件下生产出来的产品进行隔离，待处理。③找出监视和测量设备校准或检定不符合要求的根本原因，然后采取纠正措施，以防止类似不合格的情况再次发生。

（4）若使用软件实施监视和测量，在软件使用前必须由组织、软件供应商或第三方进行确认

在实施监视和测量的时候，组织不可避免地使用一些软件。相比人工监视，应用软件会更方便、更快捷。对控制软件的应用必须做到以下两点：①在使用前要由组织、软件供应商或第三方确认，看看能不能满足食品安全管理体系的要求。②要设置进入权限，防止数据被篡改。

8.9.2 检定和校准

上面提到了计量器具需要准确，而检定和校准都是让设备精确的方法，检定和校准的主要区别如下。

（1）目的不同

校准的目的是对照计量标准，评定测量装置的示值误差，确保量值准确，属于自下而上量值溯源的一组操作。

这种示值误差的评定应根据组织的校准规程作出相应规定，按校准周期进行，并做好校准记录及校准标识。

校准除评定测量装置的示值误差和确定有关计量特性外，校准结果也可以表示为修正值或校准因子，具体指导测量过程的操作。例如，某机械加工组织使用的卡尺，通过校准发现与计量标准相比较已大出 0.2mm，可将此数据作为修正值，在校准标识和记录中标明已校准的值与标准器相比较大出的 0.2mm 的数值。在使用这一计量器具（卡尺）进行实物测量过程中，减去大出 0.2mm 的修正值，则为实物测量的实测值。只要能达到量值溯源目的，明确了解计量器具的示值误差，即达到了校准的目的。

检定的目的则是对测量装置进行强制性全面评定。这种全面评定属于量值统一的范畴，是自上而下的量值传递过程。检定应评定计量器具是否符合规定要求。这种规定要求就是测量装置检定规程规定的误差范围。通过检定，评定测量装置的误差范围是否在规定的误差范围之内。

（2）对象不同

校准的对象是属于强制性检定之外的测量装置。我国非强制性检定的测量装置，主要指在生产和服务提供过程中大量使用的计量器具，包括进货检验、过程检验和最终产品检验所使用的计量器具等。

检定的对象是我国计量法明确规定的强制检定的测量装置。《中华人民共和国计量法》第九条明确规定："县级以上人民政府计量行政部门对社会公用计量标准器具，部门和企业、事业单位使用的最高计量标准器具，以及用于贸易结算、安全防护、医疗卫生、环境监测方面的列入强制检定目录的工作计量器具，实行强制检定。未按规定申请检定或者检定不合格的，不得使用。"

因此，检定的对象主要是三个大类的计量器具，如下。

① 计量基准〔包括国际〔计量〕基准和国家〔计量〕基准〕ISO 10012-1《计量检测设备的质量保证要求》作出的定义如下。

国际〔计量〕基准："经国际协议承认，在国际上作为对有关量的所有其他计量基准定值依据的计量基准。"

国家〔计量〕基准："经国家官方决定承认，在国内作为对有关量的所有其他计量标准定值依据的计量基准。"

② 〔计量〕标准 ISO 10012-1 标准将计量标准定义为："用以定义、实现、保持或复现单位或一个或多个已知量值，并通过比较将它们传递到其他计量器具的实物量具、计量仪器、标准物质或系统（例：a.1kg 质量标准中；b. 标准量块；c.100Ω 标准电阻；d. 韦斯顿标准电池）。"

③ 我国计量法和中华人民共和国强制检定的工作计量器具明细目录规定，"凡用于贸易结算、安全防护、医疗卫生、环境监测的，均实行强制检定。"在这个明细目录中，已明确规定计量器具列入强制检定范围。值得注意的是，这个《明细目录》第二款明确强调，"本目录内项目，凡用于贸易结算、安全防护、医疗卫生、环境监测的，均实行强制检定。"这就是要求列入强检目录中的计量器具，只有用于贸易结算等四类领域的计量器具，属于强制检定的范围。对于虽列入强检目录，但实际使用不是用于贸易结算等四类领域的计量器具，可不属于强制检定的范围。以上三大类之外的测量装置则属于非强制检定，即为校准的范围。

（3）性质不同

校准不具有强制性，属于组织自愿的溯源行为。这是一种技术活动，可根据组织的实际需要，评定计量器具的示值误差，为计量器具或标准物质定值的过程。组织可以根据实际需要规定校准规范、校准方法、校准周期、校准标识和记录等。

检定属于强制性的执法行为，属法制计量管理的范畴。其中的检定规程、检定周期等全部按法定要求进行。

（4）依据不同

校准的主要依据是组织根据实际需要自行制定的校准规范或《国家计量技术规范》（JJF）的相关要求。在校准规范中，组织自行规定校准程序、方法、校准周期、校准记录及标识等方面的要求。因此，校准规范属于组织实施校准的指导性文件。

检定的主要依据是《国家计量检定规程》（JJG），这是计量设备检定必须遵守的法定技术文件。其中，通常对计量检测设备的检定周期、计量特性、检定项目、检定条件、检定方法及检定结果等作出规定。计量检定规程可以分为国家计量检定规程、部门计量检定规程和地方计量检定规程三种。这些规程属于计量法规性文件，组织无权制定，必须由经批准的授权计量部门制定。

（5）方式不同

校准的方式可以采用组织自校、外校或自校加外校相结合的方式。

组织在具备条件的情况下，可以采用自校方式对计量器具进行校准，从而节省较大费用。

组织进行自行校准应注意必要的条件，而不是对计量器具的管理放松要求。例如，必须编制校准规范或程序，规定校准周期，具备必要的校准环境和具备一定素质的计量人员，至少具备高出一个等级的标准计量器具，从而使校准的误差尽可能缩小。

此外，对校准记录和标识也应作出规定。通过规定，确保量值准确。

检定必须到有资格的计量部门或法定授权的单位进行。根据我国现状，多数生产和服务组织都不具备检定资格，只有少数大型组织或专业计量检定部门才具备这种资格。

（6）周期不同

校准周期由组织根据使用计量器具的需要自行确定。可以进行定期校准，也可以不定期校准，或在使用前校准。校准周期的确定原则应是在尽可能减少测量设备在使用中的风险的同时，维持最小的校准费用。可以根据计量器具使用的频率或风险程度确定校准的周期。

检定的周期必须按计量检定规程的规定进行，组织不能自行确定。检定周期属于强制性约束的内容。

（7）内容不同

校准的内容和项目，只是评定测量装置的示值误差，以确保量值准确。

检定的内容则是对测量装置的全面评定，要求更全面，除了包括校准的全部内容，还需要检定有关项目。

例如，某种计量器具的检定内容应包括计量器具的技术条件、检定条件、检定项目、检定方法、检定周期及检定结果的处置等内容。校准的内容可由组织根据需要自行确定。因此，根据实际情况，检定可以取代校准，而校准不能取代检定。

（8）结论不同

校准的结论只是评定测量装置的量值误差，确保量值准确，不要求给出合格或不合格的判定。校准的结果可以给出校准证书或校准报告。

检定则必须依据检定规程规定的量值误差范围，给出测量装置合格与不合格的判定。超出检定规程规定的量值误差范围为不合格，在规定的量值误差范围之内则为合格。检定的结果是给出检定合格证书。

（9）法律效力不同

校准的结论不具备法律效力，给出的校准证书只是标明量值误差，属于一种技术文件。

检定的结论具有法律效力，可作为计量器具或测量装置检定的法定依据，检定合格证书属于具有法律效力的技术文件。

8.10 与前提方案和危害控制计划相关的验证

8.10.1 验证

验证包含符合性及有效性两方面的验证策划活动。符合性的验证策划内容包括：前提方案是否得以实施，危害分析输入是否持续更新，HACCP 计划是否得以实施等。有效性验证的内容包括：HACCP 计划是否有效，危害水平是否在确定的可接受水平之内等。

符合性验证采用的方法包括现场检查、查看记录、内部审核等。有效性验证需要根据不同的验证内容策划不同的验证方法。比如，需要验证设备清洁程度的操作性前提方案是否实施有效，可以进行微生物涂抹实验；验证原料农残是否在可接受水平内，可以进行原料或终产品的农残抽检以及原料基地的现场检查等。当然，验证的方法应是可行的，有可操作性的，并能够真正实现对有效性的验证。

不验证不足以置信。所有制定的控制措施是否按照策划的要求运行，运行的结果是否满足预期的要求都需要通过验证活动来证明。组织应对验证的活动进行策划以保证能够对控制措施的过程和结果进行准确的评价，最终实现体系的更新与改进。

通过验证活动以证明建立的整个管理体系过程是受控的，产品的危害水平控制在可接受水平。

所有的验证结果应有记录，保存并予以沟通。

标准专门规定，验证人员不得是监视同一活动的人员；同一活动，监视、验证不能是同一个人。

审核要点：

① 验证活动的输出是什么，是否明确验证的目的、方法、频次和职责。

② 验证活动的内容是什么，针对哪些过程策划了验证活动。

③ 策划的验证活动内容是否充分：前提方案得以实施；危害分析输入持续更新；HAC-CP 计划中的要素和操作性前提方案得以实施；控制措施组织有效，危害水平在确定的可接受水平之内；组织要求的其他程序得以实施且有效进行。

④ 验证策划活动对象是否明确，方法是否有可操作性和适宜性，是否能够实现验证目标。

⑤ 验证的结果是什么，查看验证结果记录。

⑥ 对验证结果不能满足标准要求的情况，采取了什么措施，措施是否适当。

PRP 验证的实施方法示例见表 35，HACCP 计划的验证表格示例见表 36。

表35　PRP验证的实施方法示例

序号	验证项目	验证要求	验证结论		不符合情况说明
			符合	不符合	
1	厂房及设施设备设计	原料、产品、人流流向合理,生区和熟区分离。原料传递口是否有减少异物和虫害进入的措施,如风幕、软帘等			
		通向室外的排风设施是否有防虫网			
		通向室外的门不用时是否关闭或遮挡			
		外围建筑			
		厂房建筑应构造坚固,屋顶应为无缝隙的自排水结构			
		墙、天花板、地面等是否完整和易于清洗。地脚是否为弧形。湿加工区排水沟应有地漏并加盖			
		卸货及发货区			
		排水系统应通畅,无积水			
		照明系统			
		通风系统			
		门窗			
		洗手间及更衣室			
2	食品安全标准	所有原材料是否按客户标准、国家标准或相关的法律法规要求制定验收标准			
		所有类别产品是否按客户标准、国家标准或相关的法律法规要求制定检验标准			
		所有原材料及成品的验收标准,是否按最新的法律法规或客户要求持续更新			
		抽查5~10份原材料及成品的检验记录是否与验收标准相符			
3	设备的适宜性、清洗和维护	设施、设备和工器具的食品接触表面是否采用不锈钢材料制作,设备框架上是否有孔或螺母和螺栓			
		设施、设备的设计及布局是否易于清洁及日常检查,应离墙、离棚、离地			
		是否使用临时性材料代替永久性维修,如使用胶纸、铁丝、线绳、纸皮等			
		车间现场是否使用竹、木、玻璃、硬塑料等材质的工器具,是否有管控措施			
		设备是否能对温度监视和控制,安装的记录控制仪器或温度控制仪器是否定期校准			
		生产车间在使用压缩空气或其他气体处,是否安装过滤网,过滤网是否有污物、油、水,是否定期清洗和更换,是否有记录			
		压缩空气是否为无油空压机,使用油是否为食品级			
		与食品接触的位置使用的润滑油、热传导液是否为食品级			
		是否制定预防性维护方案,如设备的维护保养计划,并按计划要求定期实施,是否有记录。计划是否包含全部用于监视和控制食品安全危害的装置(包括纱窗、过滤网、磁铁、金属探测器和X光机)			
		执行纠正性维护是否污染相邻产品,维护计划表上应有记录			
		实验室是否与人、车间和产品间存在交叉污染,实验室是否直接开向生产区域			

序号	验证项目	验证要求	验证结论		不符合情况说明
			符合	不符合	
4	清洗和消毒	是否制定清洗和消毒方案,内容包括:清洗和消毒的区域、设备和器具项目;具体任务的职责;清洗或消毒的方法和频率;监视和验证;清洗后检查;开机前检查。核查清洗和(或)消毒的执行情况及记录			
		是否规定和监视 CIP 系统的参数(包括化学品的种类、浓度、停留时间和温度)			
		所使用的清洁剂、消毒剂是否为食品级,是否有完整的化学品安全说明书并在使用现场			
		是否对清洁剂、消毒剂的配制进行记录,是否对配制后的浓度定期检测并记录			
		抽查1~3名清洁工作人员,询问其对清洁工作计划和清洁项目是否清晰,并现场观察清洁方法是否规范			
		现场检查已清洁的设施设备或器具的清洁效果是否符合要求			
		是否定期对与食品有接触的表面的清洁与消毒成效进行测试,如微生物涂抹实验,并记录			
5	人员卫生和员工设施	是否建立个人卫生和行为要求,形成文件。应配备个人卫生设施并清晰标志。包括:充足数量的洗手、烘干、消毒设施;洗手、洗涤槽与食品用和设备清洗用的分开,水龙头为非手动开关;提供数量充足的卫生间,并配备洗手、烘干、消毒设施			
		员工进入暴露产品或原料的区域是否穿戴工作服,工作服是否保持良好状态(如无破洞、裂口或磨损物)。用于食品防护或卫生目的的衣服,是否用于其他用途。工作服不能有扣子,腰部以上不能有外置口袋			
		工作服是否按标准及其用途定期洗涤。手套是否保持清洁和良好状态。工作鞋是否全部围裹,并为不吸收材料			
		是否按计划对可能与食品接触的人员实施体检。对体检结果有碍食品安全卫生的人员,是否即时调离工作岗位,并有记录			
		是否对所有人员进行有关个人卫生要求的岗前培训,是否有培训及考核记录			
		人员是否存在疾病和外伤,如黄疸、腹泻、呕吐、发烧、烫伤、割伤等,如有是否远离食品处理区。敷裹物应有明亮的颜色,适宜时是否可以金属探测			
		检查工人是否有保持个人卫生清洁并制定管理方针;不将与生产无关物品带入车间;维护个人用品柜不存放垃圾和脏衣服;不化妆、不佩戴首饰品、不戴假睫毛、不涂指甲油、不抠鼻子、严禁吐痰、打喷嚏等			
		检查洗手、消毒设施是否正常。是否对人员卫生情况进行检查,并记录			
		是否定期对洗手、消毒的效果进行检测,如微生物检测、感官检测			
		员工餐厅应确保贮藏辅料以及制备、贮藏和供应预制食物的卫生;是否规定贮藏条件,贮藏、煮制和保持的温度,限用时间			
		员工自带食物只能在指定区域存放和食用			

序号	验证项目	验证要求	验证结论		不符合情况说明
			符合	不符合	
6	培训	是否制定人员培训计划,培训计划是否包含所有对食品安全卫生有影响的人员			
		是否按计划规定的要求实施培训并进行考核,是否保留培训与考核的记录			
		培训计划是否分岗前培训和持续培训,岗前培训项目,在人员上岗前是否已实施,持续培训的项目在日常是否按计划实施			
		是否制定对于外来人员了解个人卫生的方法与计划			
7	化学品控制	是否有专人负责化学品管控,是否建立专门的化学品存放库或柜			
		用于食品加工各环节的化学物料(包括消毒剂)的成分和来源是否都已明确			
		所有化学品的包装容器外是否有标识,标识是否清晰			
		所有化学品是否有完整的化学品使用说明书			
		管理、配制、使用化学品的人员是否经过培训			
8	采购原料的管理	是否规定选择、批准和监视供方的过程,建立管理规程。规程内容是否包括评估供方满足质量和食品安全期望、要求及技术规范的能力			
		是否规定评估供方的内容,如接受原料前审核供应地;通过第三方认证;监视供方表现(包括符合原料规范或产品规范、满足COA要求、对审核结果满意),为继续批准提供保证			
		是否在运输过程中对车辆进行检查,例如完整密封、虫害控制、温度记录			
		批量原料是否进行识别、加盖和上锁。是否经过批准和验证后才进入系统			
9	食品、包装材料、辅料和非食品级化学品的贮藏、发货	是否有完善的原材料检验标准及检验流程。是否有专人负责原材料的检验。抽查3～5份原材料的检验记录,核查与规定的检验标准及检验项目是否一致			
		原料、辅料、半成品、成品是否分别存放,防止交叉污染			
		原料、辅料、成品贮存仓库卫生状况是否良好。贮存过程是否有防护措施免于尘土、冷凝物、排水、废物和其他污染源的污染,如苫布、塑料薄膜等			
		内、外包装材料是否分开存放。是否遵守规定的货物周转体系(先进先出、先到期先出)			
		直接接触食品的包装物料,在包装使用前是否进行清洁及消毒,方法是否有效			
		食品运输工具清洗消毒的频率、方法是否符合规定。汽油或柴油动力叉车不能在食品辅料或产品贮藏区使用			
		有温度要求的运输工具,是否具有良好的制冷或保温性能。散装货物集装箱应为食品专用			
		是否制定原材料及成品的贮存环境的温湿度要求,是否有规定监测与记录的方式			
		货物堆放离墙、离地距离是否符合规定的要求			
		同一仓库内是否存放有可能造成串味、污染的食品			
		原材料、成品检验状态标识是否符合规定要求			
		是否规定发货运输车辆的检查方法与要求			
		是否按规定的要求对车辆进行检查并记录			

序号	验证项目	验证要求	验证结论		不符合情况说明
			符合	不符合	
10	交叉污染的控制措施	是否建立防止、控制和发现污染的方案,包括防止物理污染、过敏原和微生物污染的措施			
		是否识别可能存在微生物交叉污染的区域(源于空气或来自流动方式),实施隔离,例如将生品与成品分开;建筑结构上隔离,如栅栏、墙或独立建筑物;车间入口更换工作服;人流、物流、设备和工具的隔离;空气压差控制			
		是否使用易碎材料,如玻璃、硬塑料。是否制定定期检查的要求和规定程序。应保持玻璃破损的记录			
		是否制定防止物理污染(包括木质货盘和工具、橡胶封条、个人防护服和设备)的控制措施,包括覆盖设备或容器,如纱窗、磁铁、筛网或过滤网;用探测装置,如金属探测器或X光机			
11	产品的追溯与回收	是否建立产品的追溯与回收的控制程序,是否符合相关法规要求			
		所有回收的产品如何处理,是否禁止作为原料用于生产再加工			
		是否按规定的期限保存相关的追溯记录(记录和凭证保存期限不得少于产品保质期满后六个月;没有明确保质期的,保存期限不得少于两年,详见食品安全法;包括供应商、来料、贮存、配料、生产、包装、销售等			
		是否有按规定要求每年进行一次模拟追溯演习,演习过程是否有记录			
12	虫害控制	是否建立虫害控制系统,制定虫害控制方案,明确虫害控制的范围及对象。建立探测器和捕捉器分布图。实施卫生、清洗、来料检查和监视程序,避免创造引发害虫活动的环境			
		使用的虫害控制药物(如鼠饵)是否符合法规的要求,建立化学品清单。杀虫剂的使用应记录,包括种类、使用量和浓度、在何处何时及如何使用、目标害虫			
		是否指定1名人员管理虫害控制活动,和/或处理与指定专业承包商的有关事宜,并专业培训。外包的虫害控制公司是否有相应的资质证明			
		是否记录虫害控制人员的姓名、联系方式,电话是否可24小时紧急联系			
		建筑物是否保持良好的维修状态;洞孔、排水口以及害虫可能进入的其他地方是否保持密闭。通向室外的门、窗及通风口设计应减少害虫的进入			
		虫害控制公司是否定期提供虫害控制的意见与相关的整改措施			
		虫害控制的设施是否能满足需求,包括设施的密度与位置。是否定期对虫害控制的设施进行检查并记录			
		区域是否保持清洁状态,防止被污染;应消除害虫可能栖身处,如洞、灌木丛、贮存物;当室外空场用于贮存时,贮存物应防日晒雨淋或害虫破坏(如鸟类排泄物)			
		每次灭虫行动之后是否进行记录,并分析检查结果,确定其倾向。是否对灭虫的效果进行评估。是否规定对出现虫害问题时的处理方式			

序号	验证项目	验证要求	验证结论		不符合情况说明
			符合	不符合	
13	过敏原控制	产品中的过敏原是否明示,如产品标签上、进一步加工的产品标签或随附的证件上			
		是否制定过敏原物料的控制规范,明确过敏原物料的控制方法与要求			
		是否已识别所有的过敏原			
		检查对过敏物料的贮存与管理,是否有效地防止交叉污染的出现			
		是否存在因过敏原而返工的产品			
		处理食品的员工是否接受特定的过敏原意识和相关生产操作的培训,审查培训记录			
14	空气、水和能源	使用水源是否来自城市公共供水系统			
		是否每年进行水质全项检验,每月抽样进行微生物的检测。是否按规定抽查近期水质检验报告,结果是否合格			
		是否有储水池,是否有防止污染的措施。是否每月对储水池进行清洗消毒,是否进行记录			
		供应水是否加氯,余氯是否在规定限值内,查看验证记录或报告			
		不同供水系统的管道是否有潜在的交叉污染隐患			
		是否建立出水口编号,非饮用水单独供应,管道区分标记			
		所有生产用水是否经过直径小于 $10\mu m$ 的过滤网。质量和微生物是否满足要求,查看记录			
		加工用冰是否符合《生活饮用水卫生标准》			
		可接触产品的水是否经过灭菌处理			
		锅炉清洗剂是否为食品级,不用时是否单独存放,是否有上锁或其他控制方式			
15	气体	作为产品组成或直接接触的空气,是否经过除尘、油和水分,是否对过滤、湿度和微生物有要求,是否进行监控			
		室内空气质量是否有控制措施,是否建立监视和控制方案			
		通风系统是否保证空气不会从非洁净区流入洁净区。查看记录,是否定期维护、更换过滤系统。实际查看是否保持规定的压差			
		生产和/或充填使用的压缩空气、二氧化碳、氮气和其他气体是否进行管理,防止交叉污染			

序号	验证项目	验证要求	验证结论		不符合情况说明
			符合	不符合	
16	生产加工和检验控制	有温湿度要求的工序或场所是否安装了温湿度显示装置;有无温湿度记录			
		现场温湿度显示装置是否有有效的校准标识			
		温湿度的记录值、规定值与实际观测值是否一致			
		生产过程控制程序及HACCP计划规定的控制点是否按规定进行监控并记录,记录是否齐全和准确			
		是否按规定的频率、方法对加工设施、设备、工器具、场所进行清洗消毒并记录			
		加工过程有无交叉污染现象(人流、物流、不同区域的隔离、加工清洗用水飞溅等)			
		检验人员是否按文件规定实施检验任务,有无检验记录			
		车间使用的清洗剂、消毒剂等是否得到控制			
		是否提供照明设施,应有保护装置,如防爆灯			
17	检测仪器校准	是否建立检测仪器清单,清单内包含所有检测仪器			
		是否有校验计划,规定仪器的校验方式及周期			
		是否有按校验计划规定的校验方式及在周期内对所有的仪器进行校验			
		外校机构的资质及校验能力是否经过认可			
		内校人员是否经过专业培训,是否有相应的资质证明,是否有内校作业规程			
		检查仪器的内外校报告或记录,是否有不合格的仪器,如有是否采取相应的措施(例如对不合格仪器的隔离、维修、报废等)			
		对失效仪器检测的产品,有无规定追溯处理的方式,是否出现过类似现象,是否进行过追溯,是否有记录			
		检查校验后的仪器是否有校验状态标识			
18	废物处理	废物的识别、收集、清运和处理应不污染产品和生产区域			
		废弃物、不可食用品、有害物质存容器是否清晰标识,是否放置在指定区域,是否易于清洗和消毒			
		废弃物、不可食用品、有害物质存放容器是否有盖。当废物对产品有风险时是否可被锁定,如指定垃圾箱和存放点			
		是否对废物的隔离、暂存和清运要求做出规定,每日至少清理一次。现场核查食品处理区和贮藏区域是否有废物堆积			
		明确为废物的带标原料、产品或印刷包装是否予以毁形或损毁,避免商标被再次利用。清运和损毁是否由批准的合同方执行。查损毁记录			
		排水系统是否从生产线上方通过,是否从非净区流向净区			

序号	验证项目	验证要求	验证结论		不符合情况说明
			符合	不符合	
19	返工品	是否建立《不合格及潜在不安全品控制程序》,对不合格品及潜在不安全品进行标识、记录、评价、隔离、处置和可追溯性控制等。应记录返工品的分类或返工原因(如产品名称、生产日期、班次、生产线、保质期)			
		当返工品在生产线中的某步并入时,是否规定接收的数量、种类和使用返工品条件。对加工步骤、添加方法,包括任何加工前必要的步骤应有限定			
20	产品召回程序	是否制定措施确保产品未满足食品安全标准时,在供应链所有必须环节得到识别、查明并去除			
		是否保持重要客户清单			
		当产品因即时性健康危害被撤回时,是否评估同样条件下生产的其他产品的安全性,是否评估发出公共警示的必要性			
21	产品信息和消费者意识	是否建立产品信息展示渠道,如公司网站和广告。展示内容可包括用于产品贮藏、制备和服务的指南			
22	食品防护、生物警觉和生物恐怖	是否针对产品面临的蓄意破坏或恐怖活动建立危害控制措施			
		是否在敏感区域的入口实施控制,包括锁、电子钥匙卡或替代系统的实物限制			
23	其他	是否有严格执行 OPRP 及 HACCP 计划,是否按要求进行记录			
		OPRP 及 HACCP 计划相应的监控及纠正记录是否真实、完整			
		是否按计划每年进行一次管理评审,是否记录			
		是否按计划每半年进行一次内审,是否记录			
		内审的不符合项或跟踪事项是否进行原因分析及制定纠正和预防措施,是否作为管理评审的输入			
		是否出现过食品安全事故,如何处理,是否记录			
		是否发生产品撤回事件			
		是否有客户投诉事件,对投诉事件是否进行分析及采取纠正预防措施			
		是否对产品质量符合性及客户投诉数据进行统计分析,作为食品安全管理体系有效性、适宜性的依据			

表 36　HACCP 计划的验证表格示例

名称:HACCP 计划

验证类型:□首次验证　　　　□修改后验证　　　□其他:

验证人员:

验证项目	单项验证结论	备注
1 实施危害分析的预备步骤		
1.1 食品安全小组是否由多学科、多部门(生产、卫检、质检、微生物学、设备管理、加工)人员组成,职责是否明确		
1.2 食品安全小组组长是否经最高管理者授权并明确其管理职责与权限		
1.3 是否分别对终产品和原辅料进行了产品描述? 描述的内容是否符合要求		
1.4 是否对产品的预期用途进行了描述? 描述的内容是否符合 ISO 22000 的要求		
1.5 流程图是否包括所有的步骤		
1.6 是否对流程图的确认进行了规定? 流程图是否经过现场验证		
1.7 工艺设计是否满足了危害控制的要求? 工艺描述是否满足危害控制的要求		
2 危害分析		
2.1 是否对全过程进行分析,无遗漏步骤		
2.2 是否对潜在的引入的、增加的危害进行充分识别		
2.3 是否对生物危害种类及危害条件进行了分析		
2.4 是否对危害的可能性与严重性进行合理判断,并确定显著危害		
2.5 是否支持显著危害判断的科学依据		
2.6 不能充分描述的危害分析单是否有说明材料		
2.7 对危害是否制定相应的预防措施		
3 HACCP 计划		
3.1 CCP 确定		
3.1.1 是否对 PRP、OPRP 能控制的显著危害制定有效的控制方法		
3.1.2 是否对 PRP、OPRP 不能控制的显著危害经判断树的逻辑关系确定关键控制点进行控制		
3.2 CL 确定		
3.2.1 是否对各关键控制点建立了关键限值? 关键限值是否合理		
3.2.2 CL 制定是否有验证数据等支持的科学依据		
3.2.3 CL 是否可方便测量		
3.2.4 是否制定 CL 支持文件,可包括检测报告、专家分析记录、技术资料、讨论记录		
3.2.5 必要时,是否制定了 CL 以方便管理		
3.3 CCP 的监控		
3.3.1 是否明确监控的对象、方法、频率、人员		
3.3.2 确定的监控方法和频率能否达到控制显著危害的目的		
3.3.3 对间歇式监控,其监控频率是否满足对偏离产品的追溯要求		
3.4 纠正措施(纠正行动)		
3.4.1 对各关键限值是否建立了纠正程序? 纠正程序是否适用? 相关职责是否明确		
3.4.2 是否与不合格品控制程序相对应		
3.4.3 是否明确受控状态的恢复		
3.4.4 是否明确对 CCP 关键限值失控进行原因分析		

验证项目	单项验证结论	备注
3.4.5 HACCP 计划表不能充分描述时,是否建立纠正程序		
3.5 验证程序		
3.5.1 是否有对 PRP、OPRP、HACCP 计划进行验证的要求		
3.5.2 是否有对 CCP 进行验证的要求(CCP 监视设备的校准、校准记录的审查、针对性的取样检验、CCP 记录的审查)		
3.5.3 是否有内部审核的要求		
3.5.4 是否有对最终产品进行微生物检测的要求		
3.5.5 在何种情况下,企业将对 HACCP 计划重新进行确认		
总结论: □HACCP 计划能使相应的食品安全危害达到预期的控制水平 □需要修改 HACCP 计划或危害分析结果 □其他:		

8.10.2 验证活动结果的分析

根据验证策划,需要对验证活动结果实施评价,确定这些过程是否有效实施,是否将食品安全控制在可接受水平。

比如,根据策划,采用现场检查及重点部位微生物涂抹实验的方法对某现场的食品接触面卫生清洁措施进行验证,在实施后,需要对检测结果进行综合评价,确定现场的控制过程是否有效。

当验证结果不符合策划的安排时,说明建立、实施的体系在某一方面存在问题。通过评审找到问题产生的原因,采取相应的措施解决问题,保证系统有效。

验证活动可由各部门进行,但验证结果应由食品安全小组进行分析。验证结果分析是食品安全小组的职责,此项活动是对食品安全管理体系的综合、全面的分析,可为绩效评价(内审、管评等)提供输入,可识别表明潜在不安全产品的风险发生趋势以及证明纠正和纠正措施的有效性。

通常的审核要点是:

是否对验证结果作出满足要求的评价?是否对验证活动结果进行综合分析,包括如何实施的分析,有哪些具体的分析活动等;是否在综合分析的基础上提出了改进措施,具体实施了哪些改进措施?是否能将综合分析及采取的措施提交管理评审?

验证结果的分析,一般包括 PRP、OPRP、HACCP 计划和内外部审核。终产品的质量检验是十分关键的验证手段。验证结果分析报告见表 37。

表 37 验证结果分析报告

验证结果分析目的:

① 证实体系的整体运行满足策划的安排和本组织建立的食品安全管理体系的要求

② 识别食品安全管理体系改进或更新的需求

③ 识别表明潜在不安全产品高事故风险的趋势

④ 建立信息,便于策划与受审核区域状况和重要性有关的内部审核方案

⑤ 证明已采取的纠正和纠正措施的有效性

分析人员：

所进行的验证		验证的结果	验证结果分析的结论
PRP 的验证		查阅了 PRP 验证记录表,通过每周对 PRP 实施情况的检查,对 PRP 进行验证	能使相应的食品安全危害达到预期的控制水平,不需要修改和补充
OPRP 的验证		查阅了 OPRP 验证记录表,年度进行验证	能使相应的食品安全危害达到预期的控制水平,不需要修改和补充
HACCP 计划的验证		查阅了 HACCP 计划验证记录表,年度进行验证	HACCP 计划的实施达到了预期效果,不需要修改和补充
CCP 的验证	CCP 监视设备的校准	均经过周期检定,并处于有效状态	符合公司食品安全管理体系和 HACCP 计划要求
	校准记录的审查	提供了内部校准记录	
	针对性的取样检验	抽查成品第三方检测报告,指标检测均合格	
	CCP 记录的审查	抽查工艺参数记录等,均填写完整且符合要求	
食品安全管理体系内、外部审核		查阅了食品安全管理体系内、外部审核资料	审核程序有效,审核中发现的不符合项及观察项均得到了整改
最终产品的检测		查阅了成品检验原始记录,所有成品均经过了抽样检验	终产品控制有效

验证结果分析的总结论：
公司食品安全管理体系的整体运行满足策划的安排和要求;体系运行有效

8.11 产品和过程不符合控制

8.11.1 总则

组织应对监视 OPRP 和 CCP 获得的数据进行评价,其中评价人员需是被指定的人员,这些人员有启动纠正和纠正措施的职责,并且具备采取相应的纠正和纠正措施以降低偏离风险的能力。

8.11.2 纠正

组织应该建立、保持和更新文件,规定 CCP 关键限值不符合或者 OPRP 的行动准则不符合时的相关要求。

（1）受影响产品的识别方法及实施纠正

当出现不符合情况时,首先应确定如何识别出受此影响的产品,并对产品和过程立即采取纠正。

比如在发现不符合情况时,应立即采取正确的行动准则,同时扣置、隔离或下架不符合时间段内所有过程生产的产品和终产品,必要时应停止生产。查看操作记录等可追溯记录,查看在其他时间段内是否还存在未发现的不符合关键限值和/或 OPRP 行动准则的现象,如果有，该时间段内的产品也必须立即被扣置、隔离、下架。

一般为确保避免这些产品对相邻产品的影响，会同时扣置、隔离或下架上下相邻批的产品，所需扣置、隔离或下架的数量由组织授予职责、权限的人员根据产品的性质、用途、放行的要求、生产过程控制能力、批次的划分、产品受影响的原因等自行规定，原则是在确保产品质量的前提下，尽可能为组织减少浪费。

一般需规定扣置、隔离产品以及采取纠正和纠正措施的人员的职责和权限。

（2）评价受影响的产品

① 对于因 CCP 的关键限值不符合而识别出来并扣置、隔离或下架的产品，则不需评价，直接作为不合格品，按照相应要求进行处理。

② 对于因不符合 OPRP 行动准则而受影响的产品，应按照相应要求进行如下分析、评估。

a. 确定失控对食品安全影响的后果。比如当某 OPRP 不符合行动准则时，可能会检出致病菌或金属异物进入产品中，影响消费者健康和安全。

b. 确定失控的原因。找到根本原因并有针对性地采取纠正措施，否则类似的问题还会重复发生。

c. 确定受影响的产品并根据相关要求处置。

（3）评审所实施的纠正方法的及时性、有效性

对不符合的过程和产品所采取的纠正方法进行评审，以确定是不是及时地采取了正确的行动准则，使过程恢复到受控状态，并有效地控制不再继续产生不合格产品。

（4）保留描述产品和过程不符合的记录以及纠正记录

记录的内容包括不符合的性质、失控的原因、因不符合而产生的后果等。

8.11.3　纠正措施

评价纠正措施的必要性可参照风险的可能性及影响程度（表3），通过风险等级的判定，对中、高风险采取纠正措施。

应建立和保持文件，规定适宜的纠正措施。

采取措施的根本目的，不仅仅是针对本次的不符合，使过程恢复受控状态，更重要的是识别发现不符合的根本原因，防止其再次发生。这也是纠正措施管理的难点，应重点关注。如果找不到根本原因，不能针对性地采取措施，或者虽然找到了根本原因，但不能采取正确、有效的纠正措施，都可能会使过程、产品的不符合重复发生，持续给组织造成损失。

组织应保留所有纠正措施的记录。

【应用案例】

　　对于原辅料、生乳、包材、产品（包括半成品、成品）、市场投诉等均可在信息化系统中设计固定流程对偏差原因进行调查，对风险进行评估，并根据风险级别采取纠正或纠正措施，并对产品做出处理决定。

　　下面以原辅料偏差调查表（表38）为例。其他类别可参照此表进行设计，规定好不同类别所涉及人员的职责、权限以及流程填写、审批、批准节点等。如果信息系统中有数据中台、采购平台等，可在信息系统中自动实现表中数据的提取、分析。

表 38　原辅料偏差调查表

编号：　　　　　　　　　　　　流水号：

标题				
填表人	填表人所属部门		填表人所属单位	日期
偏差单号				

偏差及风险评定		

偏差类别	□储运供应部	□接收时发现的偏差　□出库时发现的偏差 □其他：
	□质量部	□接收时发现的偏差　□检验时发现的偏差 □出厂后发现的偏差 □其他：
	□生产部	□使用时发现的偏差　　□其他：

物料名称	物料分类	物料编码	生产商	品牌	生产厂址	经销商	生产日期	生产批号	入库日期	偏差数量/kg	到货数量/kg	使用数量/kg	规格

		不符合描述										
偏差问题类型	偏差项目	判定依据	标准值		自检结果		COA结果		经验值		外检结果		不符合判定
			标准	单位	结果	单位	结果	单位	结果	单位	结果	单位	
□理化指标 □感官特性要求 □微生物指标		标准（内控）											□
		标准（国标）											□
		标准（风险监测）											□
		监控项（风险监控）											□
□污染物指标 □风险指标 □其他问题		内控参考值											□
其他													□

检验方法对比						
自检□是□否	偏差项目		检验方法		检出限	
供应商检验□是□否	偏差项目		检验方法		检出限	
外检□是□否	偏差项目		检验方法		检出限	
插入附件			偏差图片			

偏差判定	□以上偏差是食品安全指标	□以上偏差不是食品安全指标
		□影响使用
	■投诉	■反馈

知会或执行	人员参见流程图						
偏差调查	填写人(原辅料、包材质量管理人员)					填写日期	
	审核人(质量受权人)					填写日期	
	填写人(采购人员)					填写日期	
	审核人(质量中心)					填写日期	

风险分析	发生频率		影响(严重性)指数			风险分析说明:
			轻微	主要	重大	▨ 3~10分:纠正
			3	5	10	
	持续	5				▨ 15~50分:采取纠正/预防措施
	频繁	3				
	偶尔	2				
	稀少	1				
	得分=					风险等级:□低□中□高

影响评估和决定

影响评估	预计使用时间	
	受影响的产品及原因	
	评估人建议(包括让步接收可采取的生产合格产品所需的预防措施)	
	质量成本预估	□无 [　] □有,质量成本预估: 插入附件(质量成本统计表等):
	填写人(质量受权人):	日期:
	评估人建议(包括让步接收可采取的生产合格产品所需的预防措施)	
	填写人(分公司经理):	日期:

决定	符合性判定: 使用决定及描述: 选择需采取纠正、纠正/预防措施的部门:□分公司 □采购部 □技术研发中心 注:当申请人选择结果为"投诉"时,以及选择"反馈"且得分≥10分时,才需选择		
	审批人(质量受权人)		日期

纠正/预防措施及完成情况
("投诉"/"反馈"且得分≥10分)

	纠正	
	纠正措施	
	预防措施	
纠正、纠正措施、预防措施	措施责任人及批准人（质量受权人）：　　　　　　　　日期：	
	纠正	
	纠正措施	
	预防措施	
	措施责任人（采购人员）：　　　　　　　　　　　　　日期：	
	批准人（采购负责人）：　　　　　　　　　　　　　　日期：	
	纠正	
	纠正措施	
	预防措施	
	措施责任人及批准人（研发负责人）：　　　　　　　　日期：	
	审核人（质量中心 SQA 负责人）：　　　　　　　　　日期：	

纠正/预防措施实施情况	分公司实施负责人（质量受权人）		采购部实施负责人（采购人员）		研发实施负责人
	日期		日期		日期
	采购回复纠正情况（"反馈"且得分＜10）				

关闭纠正/预防措施	验证人和统计人			日期
	实际质量成本	☐元 插入附件（质量成本统计表等）：		日期
	跟踪关闭情况			日期

原辅料、包材、半成品、成品抽检发现的偏差可参照偏差统计表（表39）进行统计、分析。

表39　偏差统计表

编号：

填写人：　　　　　　　　　　单位：

日期	偏差/抽检单号	物料/产品名称	物料/产品批号/日期	规格	数量	入库日期	供应商/经销商名称	问题偏差	风险评估		根本原因	CAPA	责任人	CAPA跟踪（验证人/时间/关闭情况）	质量成本/元	后续生产产品名称
									得分	风险等级						

政府审核、外审、内审、管理评审、内部 GMP、合规性检查等发现的偏差可参照审核/检查不符合统计及跟踪表（表40）进行统计、分析。

141

填写人：

编号：

表 40　审核/检查不符合统计及跟踪表

单位：

序号	年月份	日期	偏差分类	发现人	要素	问题/缺陷描述及风险描述（5W1H分析法）	第几次发现/年	调查结果（根本原因）	严重性	频率	得分	等级	纠正/CAPA	措施	负责人	计划时间	验证人	验证时间	关闭状态	措施	负责人	计划时间	验证人	验证时间	关闭状态	回顾对应文件	质量成本/元	改善前	改善后

（其中"风险评估"含：严重性、频率、得分、等级；"纠正及跟踪"含：措施、负责人、计划时间、验证人、验证时间、关闭状态；"CAPA及跟踪"含：措施、负责人、计划时间、验证人、验证时间、关闭状态、回顾对应文件；"效果对比"含：改善前、改善后）

发生的市场投诉可参照市场投诉统计表（表41）进行统计、分析。

表 41　市场投诉统计表

客户名	首要联系电话	省份名称	城市名称	服务分类一级	服务分类二级	服务分类三级	受理客服组	创建人	创建时间	客诉等级类别	状态主题	服务描述	产品分类	产品名称	生产日期	产品批号	生产基地	数量	处理进度	客户态度

8.11.4 潜在不安全产品的处置

8.11.4.1 总则

组织应采取措施防止潜在不安全产品进入食品链。

对识别出来的潜在不安全产品应采取措施，比如采取扣置、隔离或下架等措施，以防止其进入食品链，避免到达批发商、零售商、消费者手中。

如果在进入食品链之前的任何环节能将潜在不安全产品的食品安全危害降低到规定的水平，那么产品就是安全产品了。对于"尽管不符合，但仍能满足相关规定的食品安全危害的可接受水平"的产品应慎重，应结合产品标准以及政府监管部门的要求，确保不违规。

组织应保留识别出来的潜在不安全产品、不安全产品的授权、控制、评价、处置等全过程的记录。

当产品已经发出生产所在地，但未到达经销商手中之前，如确定已发出产品为不安全产品时，应立即启动撤回，通知物流部等负责部门撤回产品；如产品已经离开组织管辖范围，到达了经销商、门店或消费者等相关方时，应立即启动召回，以避免、降低或消除对消费者及组织品牌的影响。

8.11.4.2 放行的评价

因 CCP 的关键限值不符合而识别出来并被扣置、隔离的受影响产品，不需进行放行评价，不得放行，直接作为不合格品，按照相关要求进行处理。

对于不符合 OPRP 行动准则而受影响且已被扣置、隔离的产品还应进行放行评价，当符合条件时才可作为安全产品放行，否则不合格品应按照相关要求进行处理。

产品放行，不应仅仅依靠产品检验结果来判定，还应考虑以下条件：

① 生产工艺、执行配方是否均与备案的工艺和配方相一致；

② 该批次产品生产使用的原辅料、食品添加剂、包装材料的供应商是否均进行了评价并检验合格；

③ 产品在生产过程中各流程参数是否符合要求，是否超出关键限值；

④ 产品在生产过程中是否符合 OPRP 行动准则，受影响产品是否符合放行条件；

⑤ 生产、检验过程涉及的记录是否完整，相关主管人员是否已审核并签字确认；

⑥ 环境监控结果是否符合要求等。

产品放行的评价结果应保留记录。

【应用案例】

如组织编写放行程序，可参照以下示例。

《放行程序》编写示例

1 目的（略）

2 范围（略）

3 定义

规定符合性、符合、不符合、使用决定等相关定义。

4 放行职责和权限

规定各相关部门在物料、产品放行中的职责和权限。

5 程序

5.1 原辅料、包装材料放行程序

① 规定物料在入库前进行车辆检查、物料检查、供应商和经销商资质检查的相关要求；

② 规定入库后质量状态的标注方法以及物料信息系统的管理要求，入库后资质符合性检查及取样检验的相关要求；

③ 规定物料放行的相关要求；

④ 规定偏差处理的相关要求。填写《原辅料偏差调查表》《包材偏差调查表》，进行风险评估，作出使用决定，根据使用决定对物料进行相应的处置。

5.2 产品放行程序

① 规定产品入库后实物质量状态标注方法及产品信息系统质量状态、检验数据、放行审核、放行签批等相关要求。在未作出"放行"决定前，产品不得发至经销商或消费者手中。

② 规定产品偏差处理的相关要求。填写《产品偏差调查表》，进行风险评估，作出使用决定，根据使用决定对产品进行相应的处置。

6 相关文件

7 相关记录

8 附则

产品放行的评价结果记录示例见表42。

表42 产品放行单

编号：×/××-××-××-×××-××

产品名称		生产单位	
生产日期		生产批次	
保质期		规格	
数量		检验合格证号	
产品执行标准			

审核内容	结　果
生产工艺、执行配方是否均与备案的工艺和配方相一致	（　）是/（　）否
该批次产品生产使用的原辅料、食品添加剂、包装材料的供应商是否均进行了评价，并检验合格	（　）是/（　）否
产品在生产过程中各流程参数及关键控制点是否符合要求	（　）是/（　）否
产品在生产过程中是否符合OPRP行动准则，受影响产品是否符合放行条件	（　）是/（　）否
生产、检验过程涉及的记录是否完整，相关主管人员是否已审核并签字确认	（　）是/（　）否
环境监控结果是否符合要求	（　）是/（　）否
产品的生产、包装、检验符合相关质量标准、检验标准、法律法规要求，不存在其他影响产品质量和食品安全的因素	（　）是/（　）否

对审核结果判定为"否"的事项进行描述：

批准		
符合性	使用决定	数量
□…	…	
□…	…	
□…	…	
□…	…	
质量受权人： 日期： 年 月 日		

备注（对其他需说明的事项进行描述）：

8.11.4.3 不合格品的处理

通过放行的评价判定为不能放行的产品，需按照以下要求进行处理。

① 进行重新加工或进一步加工（应了解和组织产品相关的法规要求，如要求不得进行重新加工或进一步加工的话，则不能采取此措施），以确保食品安全危害降至可接受的水平。

② 转作他用，比如用作饲料，或当作原料用于生产其他产品，前提是不影响食品安全且符合原料标准。

③ 销毁和/或作为废物处置，用此法进行处置时应注意不得污染环境。

应保留不合格产品处置的记录，在记录中应包括有权限人员对不合格产品的判定及批准。

【应用案例】

如编写《不合格品管理程序》，示例如下。

《不合格品管理程序》编写示例

1　目的和范围

该程序为工厂不合格品的控制和处置提供了可供参考的基本准则、工作流程，防止不合格进厂物料被工厂使用、不合格产品发往客户。

不合格品的正确处置对保证客户收到安全、质量符合要求的产品的权益，工厂遵循法律法规要求、保护环境、保护工厂的形象和声誉，以及减少工厂财务损失都是非常重要的。

该程序描述的不合格品包括不合格进厂物料（原材料、包装材料、食品添加剂、营养添加剂等）、不合格半成品、不合格成品以及市场退回和撤（召）回的不合格货物。

本程序适用于×××。

2　定义

① 放行：是指改变质量状态的一种行为，指受权人根据放行标准和检测结果及过程参数，慎重做出的书面决定。

② 禁用：进厂物料由于不合格或者其他原因没有被使用。

---

3 职责

规定相关人员在以下各环节中的职责和权限：物料、产品的验收、标识、存放、隔离；不合格品处理，如物料的拒收、退货、换货、挑选，供应商投诉处理和监督，不合格产品撤回/召回及处理等；制定纠正措施，实施纠正措施并跟踪关闭等。

4 一般原则

① 任何不合格进厂物料和产品必须隔离存放并有"不合格"标识。

② 任何进厂物料、半成品和成品的质量偏差或缺陷必须记录在偏差调查表中，以便做出处置决定和纠正/预防措施。

③ 规定有权改变物料和产品质量状态的人员。

5 程序

5.1 不合格进厂物料

① 任何进厂物料的质量和食品安全缺陷，偏差或不符合，都要填写《原辅料、包材偏差调查表》，填写人为偏差发生的属地的责任人，如：

a.进厂物料收货和仓储过程中出现质量缺陷，如发现有变质、发霉、包装破损、虫害、标签错误、净重错误等现象时，储运部应填写《原辅料、包材偏差调查表》。

b.进厂物料在入厂检验过程中发现与标准不符合时，工厂质量部填写《原辅料、包材偏差调查表》。

c.进厂物料在生产、包装、使用过程中，如发现任何变质、发霉、包装破损、污染、虫害、净重错误、物料错误、标签错误等现象要立即停止使用，工厂生产、包装负责部门应填写《原辅料、包材偏差调查表》。

② 工厂质量部依据《放行程序》里规定的权限，做出评估和处置意见，并根据处置意见跟踪相关部门采取相应的纠正/预防措施，例如采购部投诉供应商，组织退货、换货、挑选等；仓库隔离物料；研发部修改标准；集团质量中心重新审核供应商；工厂质量部重新检测等。并跟踪纠正/预防措施的实施、关闭及有效性。

5.2 不合格半成品、环境及生产过程中的异常

① 对于偏离质量标准的半成品，工厂质量部督促相关部门填写《产品偏差调查表》，进行风险分析及偏差调查，由相关部门跟踪措施的实施、关闭及有效性，由工厂质量部验证措施的实施、关闭及有效性。

② 环境监控超过警戒限、CCP不符合等异常情况，由工厂质量部进行偏差调查，相关部门根据调查结果采取相应的纠正/预防措施，并跟踪措施的实施、关闭及有效性。

③ 当生产工艺异常，或生产过程中出现突发事件（如停电、停水、停汽/气、故障停机等）时，生产车间应填写《产品偏差调查表》，对受影响的物料和产品进行风险分析及偏差调查，由质量受权人做出评估并提出处置意见，生产车间根据处置意见采取相应的纠正/预防措施，并跟踪措施的实施、关闭及有效性，由工厂质量部配合检验等，并验证措施的实施、关闭及有效性。如果有质量和食品安全隐患，质量受权人要干预生产车间的决定。

④ 分公司储运部在贮存中发现半成品不合格时，需填写《产品偏差调查表》，工厂质量部做出评估和处置意见。

5.3 不合格成品的控制

① 经过检验，对于偏离质量标准的成品，质量部督促相关部门填写《产品偏差调查表》，做出评估和处置意见，并根据处置意见责成相关部门采取相应的纠正/预防措施，并跟踪措施的实施、关闭及有效性，工厂质量部验证措施的实施、关闭及有效性。

② 包装时发现的外观偏差，如打码、标签、装箱、净重、数量、包装缺陷等由包装车间填写《产品偏差调查表》。工厂质量部做出评估和处置意见。

③ 分公司储运部负责对库房产品进行准确记录、标识和存放。在贮存中发现的不合格成品，由储运供应部填写《产品偏差调查表》，工厂质量部做出评估和处置意见。

④ 市场出现不合格成品的处置。

a. 销售环节发现的质量问题由销售管理部填写《产品偏差调查表》，工厂质量部做相应处置意见，并根据缺陷严重程度和处置意见采取相应的纠正/预防措施，并跟踪措施的实施、关闭及有效性。

b. 对于市场投诉，集团质量中心组织进行分析、评估，根据评估后确定的控制重点填写《市场投诉调查表》，跟踪纠正/预防措施的实施、关闭及有效性。

c. 当物流、外设仓库有包装破损、破包、漏气、剐蹭等内容物之外的缺陷时，由物流部填写《产品偏差调查表》，工厂质量部做相应处置意见，并根据缺陷严重程度和处置意见采取相应的纠正/预防措施，并跟踪措施的实施、关闭及有效性。

d. 政府监管部门要求产品召回或者集团质量中心确认后主动提出撤（召）回时，执行《产品撤（召）回管理程序》。

e. 质量受权人基于风险评估给出处置意见时，执行《质量和食品安全风险评估程序》。

5.4 记录管理

所有偏差调查表由验证人跟踪纠正/预防措施的实施和关闭，在关闭后需交给工厂质量部保管，工厂质量部负责每月对原辅料、包材、半成品、成品偏差调查进行统计，填写《偏差统计表》。

6 相关文件

6.1 《纠正和预防措施控制程序》（略）

6.2 《质量和食品安全风险评估程序》（略）

6.3 《产品撤（召）回管理程序》（略）

7 相关记录

7.1 《原辅料、包材偏差调查表》

7.2 《产品偏差调查表》

7.3 《市场投诉调查表》

7.4 《偏差统计表》

8 附则

① 本程序批准后立即生效，同时公司使用的××××文件废止。

② 如果各部门在文件使用管理上与此文件相抵触，以此文件为准。

③ 本文件由质量中心归口管理，并负责解释。

④ 本文件由质量中心负责修改和增减，其他部门无权修改。

8.11.5 撤回/召回

启动和执行撤回/召回的人员，必须是经过任命的，且能胜任这项工作，以确保撤回/召回的及时性，最大程度消除或降低潜在不安全产品造成的影响。比如，成立产品撤（召）回应急小组，规定小组成员的职责、权限，保留小组成员联系方式。

组织应建立撤回/召回文件，除满足 ISO 22000 要求外，还应符合国家市场监督管理总局发布的《食品召回管理办法》等法规要求，并结合企业实际需求建立文件。以便进行以下行为。

（1）通知相关方

当需要召回产品时，应通知经销商、门店停止售卖，通知顾客和/或消费者等相关方停止食用，并对已售卖出的产品进行召回和赔付，以便能及时消除或降低不安全产品对消费者的伤害；撤回或召回产品时，还应根据相关法规要求，通知执法部门，以便执法部门实施监管职责，督促和监督组织及时撤回或召回产品，并对该产品按法规要求进行处置。

（2）处置撤回/召回的产品及库存的产品

组织在按照不合格产品的处理要求处置撤回/召回的产品以及库存尚未出库的不合格产品时，应首先符合法规的要求，如《食品召回管理办法》中对召回产品的处置要求如下：食品生产经营者应当依据法律法规的规定，对因停止生产经营、召回等原因退出市场的不安全食品采取补救、无害化处理、销毁等处置措施。食品生产经营者未依法处置不安全食品的，县级以上地方市场监督管理部门可以责令其依法处置不安全食品。对违法添加非食用物质、腐败变质等严重危害人体健康和生命安全的不安全食品，食品生产经营者应当立即就地销毁。不具备就地销毁条件的，可由不安全食品生产经营者集中销毁处理。食品生产经营者在集中销毁处理前，应当向县级以上地方市场监督管理部门报告。对因标签、标识等不符合食品安全标准而被召回的食品，食品生产者可以在采取补救措施且能保证食品安全的情况下继续销售，销售时应当向消费者明示补救措施。对不安全食品进行无害化处理，能够实现资源循环利用的，食品生产经营者可以按照国家有关规定进行处理。对于不安全食品处置方式不能确定的食品生产经营者，应当组织相关专家进行评估，并根据评估意见进行处置。

（3）采取措施的顺序

应在文件中规定采取措施的顺序。通常会在文件中规定采取什么样的措施、采取措施的相关部门及职责、具体流程和时限、措施关闭跟踪部门以及对撤回/召回工作的总结等。组织应控制撤回/召回的产品和仍在库存的终产品，直至它们被管理。

应记录撤回/召回的原因、范围和结果，并向最高管理者报告，作为管理评审的输入。

组织应通过应用适宜技术（如模拟撤回/召回或实际撤回/召回）验证撤回/召回的实施和有效性，并保留记录。

《产品撤（召）回管理程序》编写示例

1 目的和范围

为了确保能及时、有效地撤（召）回产品，消除或降低质量和食品安全危害以及失信影响，特制定本程序。

本程序适用于×××撤（召）回的实施、管理，以及产品撤（召）回的模拟演练管理。

2 法规依据

《食品召回管理办法》（2020年10月23日国家市场监督管理总局令第31号修订）

3 术语和定义

3.1 产品召回

采取任何措施，旨在从最终消费者和客户处收回不合格产品。

3.2 产品撤回

采取任何措施，旨在收回客户而不是最终消费者手中的不合格产品。

3.3 不安全食品

指食品安全法律法规规定禁止生产经营的食品以及其他有证据证明可能危害人体健康的食品。

3.4 主动撤（召）回

食品生产者通过自检自查、公众投诉举报、经营者和监督管理部门告知等方式知悉其生产经营的食品属于不安全食品的，主动将不安全食品进行撤（召）回。

3.5 责令召回

对不安全食品食品生产者应当主动召回但没有主动召回的，县级以上市场监督管理部门可以责令其召回。

4 职责

4.1 《食品召回管理办法》规定的食品生产经营者的职责

食品生产经营者应当依法承担食品安全第一责任人的义务，建立健全相关管理制度，收集、分析食品安全信息，依法履行不安全食品的停止生产经营、召回和处置义务。

4.2 产品撤（召）回应急小组成员及职责（略）

4.3 撤（召）回对外紧急联络清单（略）

5 撤（召）回形式、信息来源及沟通方式

撤（召）回形式包括主动撤回、主动召回和责令召回，信息来源及沟通方式如表43。

表43 撤（召）回形式、信息来源及沟通方式

撤（召）回形式	不合格信息来源	可能存在的潜在的食品安全危害来源	内容描述	沟通方式
主动撤（召）回	自检自查	—	产品从工厂运出后，在产品放行时，或放行后发现产品不合格，要进行主动撤（召）回	由发现部门负责人告知分公司质量受权人，质量受权人负责组织确认是否需要撤（召）回
			公司复查配方、原料、生产过程、包装过程，发现原辅料误用、标签或打码等错误时，产品已发往市场的要进行主动撤（召）回	
			公司复检产品，抽检留存样品或库存包装成品，发现已发往市场的不合格产品要进行主动撤（召）回	
			在物流发运时，按照合格产品发往市场的不合格产品要进行召回	
			为公司提供原辅料、包装材料的供方因造假、掺假或其他质量事件被曝光，公司使用其相关物料的产品，要进行危害分析，确定是否需要主动进行撤（召）回	
			其他原因造成产品不合格时要进行主动撤（召）回。	
	—	自检自查	公司自查发现产品存在潜在的伤害，如玻璃等易碎品、过敏原等	由质量受权人负责组织确认是否需要撤（召）回
			根据收集的相关的产品安全信息或其他原因发现公司产品存在潜在风险	由发现部门负责人告知分公司质量受权人，由质量受权人负责组织确认是否需要撤（召）回
	经营者告知		经营者告知产品不合格或存在潜在食品安全危害的需进行主动撤（召）回	由接收信息人上报本部门负责人，由负责人告知用户中心，由用户中心告知集团质量中心负责撤（召）回的人员与质量受权人沟通，由质量受权人负责组织确认是否需要撤（召）回
	公众投诉举报		消费者投诉举报公司产品不合格或存在潜在食品安全危害的需进行主动召回	
			新闻媒体曝光公司产品不合格或存在潜在食品安全危害的需进行主动撤（召）回	由质量受权人负责组织确认是否需要撤（召）回。必要时，由××部负责启动危机管理
	监督管理部门告知		监督管理部门告知产品不合格或存在潜在食品安全危害的需进行主动撤（召）回	由接收信息人告知分公司质量受权人，质量受权人组织确认是否需要撤（召）回
责令召回	县级以上市场监督等管理部门		对于不安全食品公司应当主动召回，而没有主动召回的；县级以上市场监督等管理部门责令公司必须召回的	由接收信息人告知分公司质量受权人，质量受权人组织确认是否需要召回。必要时由××部负责启动危机管理

6 工作程序

6.1 产品撤（召）回流程

6.1.1 产品撤（召）回流程图

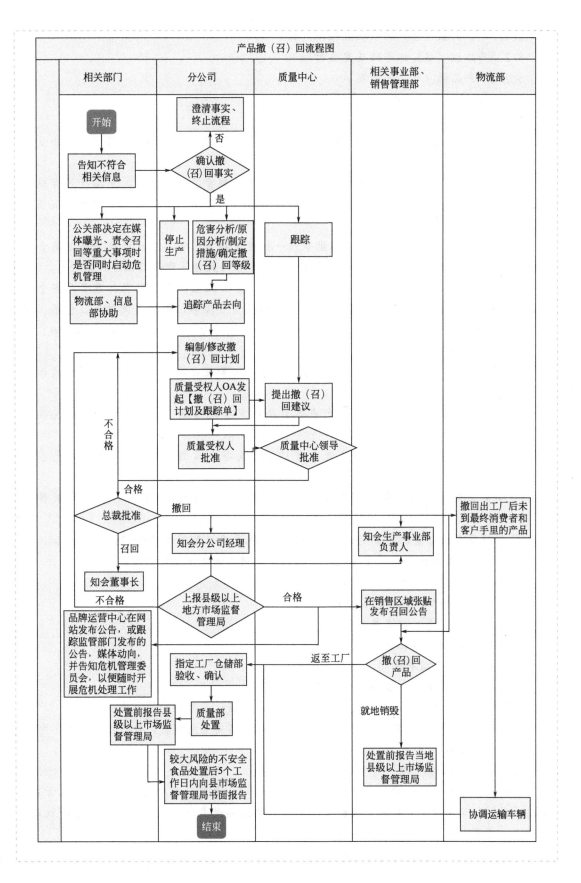

产品撤（召）回流程图

相关部门	分公司	质量中心	相关事业部、销售管理部	物流部

开始

告知不符合相关信息

澄清事实、终止流程

否

确认撤（召）回事实

是

公关部决定在媒体曝光、责令召回等重大事项时是否同时启动危机管理

停止生产

危害分析/原因分析/制定措施/确定撤（召）回等级

跟踪

物流部、信息部协助

追踪产品去向

编制/修改撤（召）回计划

质量受权人OA发起【撤（召）回计划及跟踪单】

提出撤（召）回建议

不合格

质量受权人批准

质量中心领导批准

合格

总裁批准

撤回

知会分公司经理

知会生产事业部负责人

撤回出工厂后未到最终消费者和客户手里的产品

召回

知会董事长

不合格

上报县级以上地方市场监督管理局

合格

在销售区域张贴发布召回公告

品牌运营中心在网站发布公告，或跟踪监管部门发布的公告、媒体动向，并告知危机管理委员会，以便随时开展危机处理工作

返至工厂

撤（召）回产品

指定工厂仓储部验收、确认

就地销毁

处置前报告县级以上市场监督管理局

质量部处置

处置前报告当地县级以上市场监督管理局

较大风险的不安全食品处置后5个工作日内向县市场监督管理局书面报告

协调运输车辆

结束

151

6.1.2 产品撤（召）回审批流程图（略）

6.2 产品撤（召）回等级及完成时间

6.2.1 产品撤（召）回原则

合法、迅速、有效，将危害降低到最小。

6.2.2 召回等级

按照国家市场监督管理总局令第 31 号《食品召回管理办法》要求，根据食品安全风险的严重和紧急程度，将食品召回分为三级。

① 一级召回：食用后已经或者可能导致严重健康损害甚至死亡的，食品生产者应当在知悉食品安全风险后 24 小时内启动召回，并向县级以上地方市场监督管理部门报告召回计划。

② 二级召回：食用后已经或者可能导致一般健康损害，食品生产者应当在知悉食品安全风险后 48 小时内启动召回，并向县级以上地方市场监督管理部门报告召回计划。

③ 三级召回：标签、标识存在虚假标注的食品，食品生产者应当在知悉食品安全风险后 72 小时内启动召回，并向县级以上地方市场监督管理部门报告召回计划。标签、标识存在瑕疵但食用后不会造成健康损害的食品，食品生产者应当改正，可以自愿召回。

6.2.3 召回完成时间

按照国家市场监督管理总局令第 31 号《食品召回管理办法》要求，不同等级的召回完成时间如下。

① 实施一级召回的，食品生产者应当自公告发布之日起 10 个工作日内完成召回工作。

② 实施二级召回的，食品生产者应当自公告发布之日起 20 个工作日内完成召回工作。

③ 实施三级召回的，食品生产者应当自公告发布之日起 30 个工作日内完成召回工作。

④ 情况复杂的，需由质量受权人报县级以上地方市场监督管理部门，经同意后，可以适当延长召回时间并由销售管理部组织经销商在销售区域内进行公布。

6.2.4 撤回的等级和完成时间

按照召回的等级和完成时间执行。

6.3 产品撤（召）回准备工作

6.3.1 不符合或潜在食品安全危害信息沟通

按第 5 条款要求进行沟通。

6.3.2 不符合或潜在食品安全危害信息确认

根据组织实际情况，规定相关职责、时限要求、确认结果告知等要求。

如确认信息准确，产品确实存在不符合或潜在食品安全危害时，执行以下步骤，即停止生产、产品隔离、下架，明确相关职责。

6.3.3 启动危机管理

涉及媒体曝光、监管部门责令召回等重大事件时，由××部决定是否启动危机管理，如需启动，由××部负责按照《危机管理制度》要求启动危机管理，同时由质量受权人、质量中心负责继续执行以下召回步骤。

6.4 制定、上报撤（召）回计划

6.4.1　进行危害分析、确定撤（召）回等级、原因分析及制定纠正/预防措施（略）

6.4.2　调查产品去向（略）

6.4.3　制定和发起撤（召）回计划

明确计划制定、发起、审批的职责；明确撤（召）回计划的内容：

① 食品生产者的名称、住所、法定代表人、具体负责人、联系方式等基本情况；

② 食品名称、商标、规格、生产日期、批次、数量以及撤（召）回的区域范围，产品信息及撤（召）回的区域范围根据危害分析会议确定的产品来制定；

③ 撤（召）回原因及危害后果，包括可能受影响的人群、严重和紧急程度，根据危害分析会议内容填写；

④ 撤（召）回等级、流程及时限；

⑤ 召回通知或者公告的内容及发布方式，通知经营者停止销售、消费者停止消费不安全食品，撤回不需发通知或公告；

⑥ 相关食品生产经营者的义务和责任；

⑦ 召回食品的处置措施、费用承担情况；

⑧ 召回的预期效果。

6.4.4　撤（召）回计划的批准（略）

6.4.5　上报召回计划（略）

6.4.6　修改召回计划（略）

6.5　实施撤（召）回计划

① 召回小组成员执行各自职责，按照批准后或修改批准后的召回计划实施召回，并填写《产品撤（召）回计划及跟踪单》。

② 发布公告及监管部门公告、媒体动向跟踪及风险评估、对策（略）。

③ 从经销商、门店、商超、电商等地撤（召）回产品（略）。

④ 从工厂到达外设仓库的物流途中或从外设仓库撤回产品（略）。

⑤ 撤（召）回产品的运输（略）。

⑥ 撤（召）回的验收、盘点（略）。

⑦ 撤（召）回产品的善后工作（略）。

⑧ 召回产品的处置。

a.法规规定的处置要求（略）。

b.处置报告：在停止生产经营、召回和处置不安全食品结束后5个工作日内向县级以上地方市场监督管理部门书面报告情况。

c.对不安全食品处置方式不能确定的，质量受权人应当组织相关专家进行评估，并根据评估意见进行处置。

d.保存销毁记录。

质量受权人负责安排人员保存所有销毁记录，并与其他撤（召）回记录一起存档。

⑨ 产品撤（召）回有效性评估及问题点整改

a.质量中心负责对撤（召）回计划和实施结果进行跟踪、分析，对撤（召）回的有效性进行评估。

b.对其中需改进的不足之处,由质量中心负责在《产品撤(召)回计划及跟踪单》选择需采取纠正/预防措施的相关部门,由相关部门制定纠正/预防措施并实施。

c.质量中心负责跟踪,确保措施的有效实施。

d.措施实施后,由质量受权人负责将《产品撤(召)回计划及跟踪单》与其他撤(召)回记录一起存档。

⑩ 记录

a.保持撤(召)回产品的所有相关的原始记录(经销商等外部相关方提供的记录除外),如原产品的入库、库存、发货明细表、召回产品的入库记录等,并将撤(召)回结果输入管理评审。

b.如实记录停止生产经营、撤(召)回和处置的不安全食品的名称、商标、规格、生产日期、批次、数量等内容,包括电子信息记录,如生产电子记录、原辅料采购和检验电子记录、半成品和成品检验电子记录。记录保存期限执行《文件/记录管理程序》。

6.6 模拟撤(召)回(略)

7 相关文件

7.1 《纠正和预防措施控制程序》(略)

7.2 《不合格(品)控制程序》(略)

7.3 《质量和食品安全风险评估程序》(略)

7.4 《文件/记录管理程序》(略)

8 相关记录

8.1 《产品撤(召)回计划及跟踪单》

8.2 撤(召)回其他相关记录

9 附则

① 本程序批准后立即生效,同时公司使用的×××废止。

② 如果各部门在文件使用管理上与此文件相抵触,以此文件为准。

③ 本文件由质量中心归口管理,并负责解释。

④ 本文件由质量中心负责修改和增减,其他部门无权修改。

撤(召)回记录示例如产品撤(召)回应急小组成员及职责(表44)、撤(召)回对外紧急联络清单(表45)及产品撤(召)回计划及跟踪单(表46)。

表44 产品撤(召)回应急小组成员及职责

编号:

小组职务	姓名	联系电话	企业职务	职责

表 45　撤（召）回对外紧急联络清单

编号：

分类	对外联系人员	职务	联系电话	职责

表 46　产品撤（召）回计划及跟踪单

编号：

申请单位		申请人		申请部门		申请日期	
食品生产者基本信息							
单位名称				单位地址			
法定代表人		具体负责人		联系人		联系电话	
电子邮箱							
召回类别及等级							

撤（召）回类别	□召回 □撤回
撤（召）回等级	□一级撤（召）回　　　□二级撤（召）回　　　□三级撤（召）回

召回的产品信息

产品名称	商标	产地	生产日期/批次	撤（召）回批号	规格	生产数量/件	出厂时间	出厂数量/件	库存剩余数量/件	应撤（召）回数量/件
合计										

撤（召）回品预估总价格/万元		销售地区				撤（召）回的区域范围	
销售单位	□　××部 □　××部 □　××销售 □　其他：						

撤（召）回原因及危害后果

原因	
确认报告	插入附件：
危害分析	插入附件：

撤（召）回计划

撤（召）回计划	（包括以上表单内容，以及撤（召）回流程及时限、召回通知或者公告的内容及发布方式、相关食品生产经营者的义务和责任、撤（召）回食品的处置措施、费用承担情况、撤（召）回的预期效果等） 插入计划附件： 插入公告附件：

<table>
<tr><td colspan="2" align="center">撤(召)回品返货及召回建议</td></tr>
<tr><td colspan="2">撤(召)回品返货接收信息及召回建议(接收人/联系方式/返货地址):</td></tr>
<tr><td>质量中心</td><td>日期</td></tr>
</table>

<table>
<tr><td colspan="2" align="center">召回计划审批</td></tr>
</table>

质量受权人意见:

签字:　　　　日期:

质量中心负责人意见:

签字:　　　　日期:

质量中心分管领导意见:

签字:　　　　日期:

品牌部审核召回公告、选择公告发布方式:

□ 由销售管理部负责组织经销商在经营场所醒目位置张贴公司发布的召回公告,不需在媒体发布公告。

□ 由品牌部负责在公司网站发布公告。

□ 以其他方式发布公告:_____

签字:　　　　日期:

公司总裁批准:

签字:　　　　日期:

董事长知会:

签字:　　　　日期:

| 知会 | 分公司经理: | 签字: | 日期: |
| | 生产事业部负责人: | 签字: | 日期: |

<table><tr><td align="center">撤(召)回计划的实施</td></tr></table>

销售单位负责人落实方案:

签字:　　　　日期:

销售管理部负责人执行方案:

插入附件:　　　　签字:　　　　日期:

销售管理部客户组负责人汇报执行结果(公告发布情况、撤(召)回产品信息明细表、返货明细表、实际总价格、就地销毁情况汇报及记录):

插入附件:　　　　签字:　　　　日期:

×××部执行结果汇报(公告发布情况、撤(召)回产品信息明细表、返货明细表、实际总价格、就地销毁情况汇报及记录):

插入附件:　　　　签字:　　　　日期:

×××部负责人执行结果汇报(公告发布情况、撤(召)回产品信息明细表、返货明细表、实际总价格、就地销毁情况汇报及记录):

插入附件:　　　　签字:　　　　日期:

物流部负责撤回产品运输(产品运输情况说明及返货明细表):

插入附件:　　　　签字:　　　　日期:

156

分公司储运供应部负责人(返货验收、盘点明细表):

插入附件:　　　　　　　　　签字:　　　　日期:

质量受权人确认(撤(召)回产品与计划的符合性、处置、报告食药局的具体情况):

插入附件:　　　　　　　　　签字:　　　　日期:

撤(召)回计划有效性评估

质量中心评估撤(召)回有效性:(时限、速度、撤(召)回率、存在问题反馈等):

□不需选择人员
□选择需制定、实施纠正/预防措施的部门及人员
　　　　　　　　　签字:　　　　　　　日期:

撤(召)回问题点整改			
纠正/预防措施		相关部门负责人:　　　　日期:	
		相关部门负责人:　　　　日期:	
		相关部门负责人:　　　　日期:	
纠正/预防措施实施情况		相关部门负责人:　　　　日期:	
		相关部门负责人:　　　　日期:	
		相关部门负责人:　　　　日期:	
知会相关人员			
知会	财务部总监		日期
	财务部营销核算组		日期
	财务部生产核算组		日期

9　绩效评价

9.1　监视、测量、分析和评价

9.1.1　总则

在 ISO 22000:2018 版标准中"监视、测量、分析和评价",即过程方法控制的要求,这也是七项质量管理原则之一"过程方法"在质量管理体系中的具体运用。食品安全管理体系是以质量管理体系为基础建立的,只有质量管理体系各项要求认真落实,所有过程得到控

制，才能确保食品安全管理体系的进一步提升。企业具备了"实现所策划的结果的能力"，才能确保企业管理体系的有效性和产品的符合性，最终确保顾客满意。因此，在企业的管理体系中确定和实施好"监视、测量、分析和评价"，已成为企业管理体系有效运行的关键。

首先要做到的一点就是，能够正确理解"监视、测量、分析和评价"。ISO 22000：2018版标准"9.1.1总则"是这样表述的："组织应确定：a.需要监视和测量什么；b.需要用什么方法进行监视、测量、分析和评价，以确保结果有效；c.何时实施监视和测量；d.何时对监视和测量的结果进行分析与评价；e.谁对监视和测量的结果进行分析和评估。组织应确保监视和测量活动按照规定的要求实施，并应保留结果证据为适当的文件化信息。组织应评价食品安全管理体系的绩效和有效性。"

上述文本的核心含义是：在ISO体系认证过程中应采取适宜的监视和测量（适用时），以证实企业过程管理的能力，以达到确保产品符合性的目的。据此，可以得出以下结论：

① 该条款所指的过程是食品安全管理体系过程同质量管理过程一致，即包括管理过程、支持过程和产品实现过程。

② 测量的内容是指过程能力，不是过程的输出，也不是过程的结果。

③ 确认过程能力的依据是体系策划时提出的要求，即策划中对过程能力的预期要求。

④ 对过程能力的监视应随时进行，然后在适用时进行测量。至于什么时间由谁进行以及测量的内容，均可以根据监视的情况而定，既不是按预先安排好的时间间隔进行，也不是按预先安排好的测量点进行。

9.1.2 分析和评价

关于食品安全管理体系分析和评价所依据的准则，具体分析如下。

（1）是否能证实体系的整体运行满足策划的安排和本组织建立食品安全管理体系的要求

实施策划的目的是为保证食品安全管理体系能够实现其预期的结果。食品安全管理体系的运行是否达到当初策划的要求则需要进行分析、评价。那么，要证实体系的整体运行满足策划的安排和本组织建立食品安全管理体系的要求，通常是通过外部审核（特别是第三方认证审核）和组织自己进行的内部审核来完成。然而，在实际应用中，一些企业做这两类审核只是趋于形式，未能完全按照食品安全管理体系的要求系统地进行，失去了发现问题的最佳途径，这样的审核害人害己，置企业于"水深火热"之中而企业自己却浑然不知。

（2）是否识别食品安全管理体系改进或更新的需求

随着时代的不断变化，消费者要求的不断提升，食品安全管理体系标准也在不断优化。食品生产的相关法律法规也会根据社会的需求以及消费者的诉求做出更新，所以从事食品安全管理的每一个人，必须要时刻关注此类信息更新的需求，并及时地将信息传达到组织中，以确保组织的食品安全管理体系持续合规。

（3）是否识别显示潜在不安全产品和过程失控高事故风险的趋势

在笔者看来，本条款侧重的是过程控制，对过程参数和监视原辅料、包材、产品以及终产品指标获得的数据进行分析，通过数据显示的趋势，判断可能发生的潜在食品安全危害的风险及影响程度，以便更有效地制定应对措施，从而规避风险带来的负面影响。

（4）是否确定用于策划与受审核区域状况和重要性有关的内部审核方案的信息

通过对数据和信息进行分析，我们可以清楚地了解体系运行的优点和薄弱环节。但往往这只是一个结果，我们需要进一步深入挖掘这些问题发生或者偏离预期目标的原因。因此，我们需要采用系统方法"抽丝剥茧"，内部审核则是有效的手段之一。在制定内部审核方案时，需要侧重考虑问题发生部门、场所、相应条款、审核时间、审核成员专业性。旨在通过内部审核找到问题的根源，继而采取对策以防止再发生。

（5）是否能提供证据证明纠正和纠正措施有效

出现问题或者异常时我们通常都会采取措施处理，这个措施包括纠正措施。这些措施的有效性和改进程度如何，需要我们进一步验证从而评价措施的有效性。如果一个问题或异常出现后，我们采取了解决措施，但同样或类似问题仍会出现，则说明了两点：一是发生问题的根本原因没有找到，无法"对症下药"；二是应采取的措施未执行落地，导致制定的措施"形同虚设"。前者是能力问题，后者则是态度问题。日常体系管理就是不断地发现问题、解决问题、精益求精的过程，将既定有效的措施形成方案或制度，不打折扣地落实，通过执行效果的验证发现问题，重新调整方案，即戴明环（PDCA）的应用，从而确保各项问题被切实解决。

9.2 内部审核

9.2.1 概述

（1）审核

为获得客观证据并对其进行客观的评价，以确定满足审核准则的程度所进行的系统的、独立的并形成文件的过程。

① 内部审核，有时称为第一方审核，由组织自己或以组织的名义进行。

② 外部审核包括第二方和第三方审核。第二方审核由组织的相关方，如顾客或由其他人员以相关方的名义进行。第三方审核由外部独立的审核组织进行，如提供合格认证/注册的组织或政府机构。

（2）客观证据

支持事物存在或其真实性的数据。

① 客观证据可通过观察、测量、试验或其他方法获得。

② 通常，用于审核目的的客观证据，是由与审核准则相关的记录、事实陈述或其他信息所组成并可验证。

组织应按照策划的时间间隔进行内部审核（即第一方审核），以确保食品安全管理体系符合组织自身管理、发展等要求，同时必须符合食品安全管理体系标准的要求，并通过内部审核证实组织的食品安全管理体系得到有效的实施和保持，而不只是建立一堆文件放在那里没有人用，或者即使使用了，也没有达到体系策划、文件策划所预期得到的结果。

（3）内部审核的时间间隔

进行体系认证（即第三方审核）的组织，认证公司一般要求每年在认证、换证审核之前至少进行一次内部审核。未进行体系认证的组织，由企业根据需求来决定，建议至少一年一次，有条件的可以一年两次。

企业也可以根据需求组织第二方审核，比如聘请认证公司对海外供应商进行审核。

（4）审核证据

与审核准则有关并能够证实的记录、事实陈述或其他信息。

（5）审核发现

将收集的审核证据对照审核准则进行评价的结果。

① 审核发现可表明符合或不符合。

② 审核发现可识别改进的风险、机会或记录良好实践。

③ 英文中，如果审核准则选自法律要求或法规要求，审核发现称为合规或不合规。

（6）审核结论

综合审核目标和所有审核发现后得出的审核结果。

9.2.2　内部审核执行

（1）依据有关过程的重要性、FSMS 的变化以及监视、测量和以往的审核结果，策划、制定、实施和保持审核方案。

① 审核方案。针对特定时间段所策划并具有特定目标的一组（一次或多次）审核的安排。审核方案包括频次、方法、职责、策划要求和报告。

② 审核计划。对审核活动和安排的描述。

关键、重要的过程，食品安全管理的变化，在监视、测量过程中发现的问题，以及在以往内部审核、外部审核、国家政府监管等审核中发现的问题都应该被策划为审核方案的重点，以审核这些过程、变化对食品安全管理体系的影响，所发现问题的纠正措施是否有效，是否避免了类似问题的重复发生。

审核方案可以针对一个或多个管理体系标准或其他要求。

审核方案应规定审核的日程安排（包括审核的频次、每次审核持续的时间、地点、人员等）。

审核方案管理员应根据确定的审核目标、范围和准则，选择和确定审核方法以便高效地实施审核。审核可以是现场审核、远程审核或组合进行。在考虑相关风险和机会的基础上，应适当平衡这些方法的使用。

现场审核时，可采取面谈，在受审核方参与的情况下完成检查表和问卷表、文件审查、抽样等工作。在无受审核方人员参与的情况下可进行文件评审（例如记录、数据分析）、观察工作情况、进行现场巡视、完成检查表、抽样（例如产品）等工作。

远程审核时，借助交互式的通信可进行交谈，用远程指南观察工作实施，完成检查表和问卷，进行文件评审等工作；在无受审核方人员参与的情况下可进行文件审查（例如记录、数据分析），在考虑社会和法律法规要求的前提下，通过监视手段来观察工作情况，分析数据等。

（2）规定每次审核的准则和范围。

① 审核范围。审核的内容和界限。

审核范围通常包括对实际和虚拟位置、职能、组织单元、活动和过程以及所涵盖时间段的描述。虚拟位置指允许个人在不同的物理位置使用在线环境执行工作或提供服务的位置。

② 审核准则。用于与客观证据进行比较的一组要求。

要求可能包括方针、程序、工作指示、法律要求、合同义务等。如果审核准则是法律要求（包括法定或监管），审核发现中经常使用"合规"或"不合规"。

（3）选择能胜任的审核员并实施审核，以确保审核过程客观公正。

审核方案管理员应指定审核组成员，包括审核组组长和特定审核所需要的技术专家。审核组成员应具备有效实施审核的整体能力。审核方案管理员应在审核实施前的足够时间内向审核组长分配实施每次审核的职责，以确保有效地策划审核。适当时，通过分配岗位、职责和权限以及领导支持，确保审核组的总体能力。

一旦建立了审核方案并确定了相关资源就必须实施方案内所有活动。审核方案的管理人员应定期通报审核方案实施的进展情况。

（4）确保将审核结果报告给食品安全小组和相关管理人员。

审核报告应在计划的时间期限内提交，应分发至审核方案或审核计划规定的相关方，比如审核组、食品安全小组、受审核方以及和受审核方食品安全管理体系运行直接相关的领导，以便于食品安全管理体系的改进。

（5）保留成文信息，作为实施审核方案以及审核结果的证据。

应保留审核记录，以证明实施了审核方案，以及审核的结果是怎样的。

① 与审核方案相关的记录。如

审核日程安排；审核方案的目标、范围和程度；阐述审核方案风险、机遇以及相关的外部和内部因素的记录；审核方案有效性的评审记录。

② 与每次审核相关的记录。如

审核计划和审核报告；客观的审核证据和审核发现；不合格报告；纠正和纠正措施报告；审核后续活动报告。

③ 与审核组相关的记录。如

审核组成员的能力和绩效评价；

审核组成员及审核组组成的选择准则；

能力的保持和提高；

记录的形式和详细程度应证明达到了审核方案的目标。

（6）进行必要的纠正，并在约定的时间范围内采取必要的纠正措施。

对内部审核发现的问题，应进行必要的纠正，必要时应采取纠正措施。可以根据内部审核不符合的分类区别处理，比如针对轻微不符合，可以不采取纠正措施，针对主要、关键不符合采取纠正措施。

纠正措施关闭的时间由审核方和受审核方协商确定。

（7）确定 FSMS 是否符合其食品安全方针和目标。

组织的后续活动应包括对所采取措施的验证和验证结果的报告。对所采取的措施进行验证，并形成验证结果报告。

【应用案例】

内部审核相关记录示例如内部审核审核方案（表47）、内部审核日程计划表（表48）、内部审核检查表（表49）及内部审核报告（表50）。

表 47　内审审核方案

方案目的	1.检查本公司管理体系是否正常运行,评价管理体系的有效性和符合性。 2.评价主要供应商的质量、环境、食品管理体系是否有持续提供合格安全产品的能力
审核范围	1.本公司质量、环境、食品安全管理体系覆盖的所有部门和过程。 2.主要供应商的合同评审、采购、生产、检验、防护、售后服务过程
审核准则	1.本公司内部审核准则: ISO 9001:2015、ISO 14001:2015、China HACCP、ISO 22000:2018、FSSC 22000 V5.1 标准、质量手册、程序文件及其他相关文件、适用的法律法规及其他要求。 2.供应商审核准则: 采购合同、ISO 9001、FSSC 22000 V5.1、ISO 22000:2018
审核的程序及 文件记录	内部审核按《内部审核程序》执行,供应商审核执行《供应商管理办法》
审核方式	按部门进行审核
审核频次,日程, 审核组安排	×××年××月进行第一次内部质量管理体系审核(集中式审核),由××审核员组成审核组进行审核; ×××年××月进行第二次内部质量管理体系审核(集中式审核),由××审核员组成审核组进行审核
所需资源	审核人员: ISO 9001:2015、ISO 14001:2015、China HACCP、ISO 22000:2018 具备 CCAA 注册审核员资质; FSSC 22000 V5.1 由 FSSC 组织资质认定的审核员组成
审核方案的监视	1.审核计划的审核与批准。每次审核组长编制的审核计划,要由×××产品经理和×××质量部总监负责审核,满足审核程序的符合性及策划的合理性,最后由管理者代表批准后予以实施。 2.审核实施过程的监视。每次审核时由×××产品经理监督审核实施情况,发现问题,及时解决。每次审核结束后,×××产品经理要对审核的实施情况进行总结并编写总结报告上交管理者代表和质量管理部经理。 3.审核结果的监视。产品安全小组组长参加每次审核的末次会议,为审核结论把关,并对实施改进措施提供指导。 4.审核文件的监视。审核组完成审核后,要将审核的文件与记录交产品安全小组组长,安全小组组长按有关规定对其完整性和符合性进行评审
审核方案的评审	1.每次内审后,×××产品经理和×××质量部总监召集审核组成员及受审部门代表对审核工作进行总结,对审核工作是否按《内部审核程序》执行及审核的有效性进行评价。 2.××月由×××产品经理组织召集审核组长、部门负责人对一年来的审核方案实施情况进行总结,评审审核方案的合理性、审核方案实施的有效性以及审核工作对企业管理水平提高的贡献程度,并提出改进意见
审核时间充分性	1.×××审核员经过专业培训,经验丰富; 2.连续三年由×××实施内审,对现场比较熟悉; 3.企业体系比较成熟,能快速配合寻找审核证据; 4.企业无设计,生产相对简单
审核报告的分发	每次的内审报告要分发至受审核部门、质量管理部、管理者代表和正副总经理
其他	
编制/日期:	审核/日期:　　　　　　　　　　　　　　批准/日期:

表 48　内部审核日程计划表

编号：

审核目的	
审核依据	
审核范围	
审核产品范围	
审核组成员	

审 核 分 组 及 时 间 安 排

日 期	时 间	审核区域及条款	审核员	地点
××××	×××××	首次会议		
××××	×××××	小组问题点汇总，不符合项确认		
××××	×××××	末次会议		

编制：　　　　　　　　　　　　　　　　批准：

日期：　　年　　月　　日　　　　　　日期：　　年　　月　　日

表 49　内部审核检查表

编号：

被审核部门		审核日期	
审核组长		审核员	
陪同人员			

依据条款	检查内容及方法	检 查 记 录	结果

表 50　内部审核报告

审核日期		审核地点	
审核目的			
审核范围			
审核产品范围			
审核依据			
审核组			

本次审核发现：

不 符 合 项 数 量	
关　键	
主　要	
轻　微	

编号	责任部门	条　款	不符合	不符合项描述

审核结论：

　　对发现的不符合项，填写审核/检查不符合统计及跟踪表（表40），进行原因分析、风险评估、制定措施并跟踪关闭。

164

9.3 管理评审

9.3.1 总则

管理评审是最高管理者的职责。组织在开展管理评审时，常犯的错误是最高管理者不参与或只是形式上的参与，这样将无法达到管理评审的目的。管理评审应由最高管理者亲自主持，对改进项做出决定，并提供必要的资源和支持。

对于管理评审的时间间隔，进行体系认证的组织，认证公司一般要求在认证、每年换证前必须完成一次管理评审；不进行体系认证的组织，可根据组织实际需要安排时间，确保组织的食品安全管理体系持续保证适宜性、充分性和有效性。

适宜性：指食品安全管理体系与组织所处的客观情况的适宜过程。这种适宜过程应是动态的，即食品安全管理体系应具备随着内外部环境变化而做相应的调整或持续改进的能力，以实现规定的质量方针和质量目标。

充分性：指食品安全管理体系可覆盖和控制组织的全部食品安全活动过程。也可理解为体系的完善程度。

有效性：指组织对完成所策划的活动并达到策划结果的程度所进行的度量。即通过食品安全管理体系的运行，完成体系所需的过程或者活动而达到所设定的质量方针和质量目标的程度，包括与法律法规的符合程度、顾客满意程度等。

9.3.2 管理评审输入

组织按照管理评审的输入要求准备管理评审的相关材料，提交给最高管理者。材料的形式不限，但应能使管理者理解所提供材料的内容与组织的食品安全管理目标之间的关系。

管理评审输入应考虑以下内容：

（1）以往管理评审所采取措施的情况

根据管理评审输出的要求，组织在每次管理评审之后应输出改进需求及食品安全管理体系所需的更新和变更。针对这些需求，组织会采取措施并跟踪其关闭。在每次开展管理评审时，均应对上次管理评审所采取措施的关闭情况进行回顾、分析。

（2）与 FSMS 相关的内外部因素的变化，包括组织及其环境的变化

对与食品安全管理体系相关的内外部因素的变化进行分析，如法律法规的变化以及国家政策的变化、消费者需求的变化、供应商的变化以及企业组织架构、人员及关键人员职责的变化等。

（3）下列有关 FSMS 绩效和有效性的信息，包括其趋势

① 体系更新活动的结果。在管理评审时应对危害控制计划、PRP、工程建设项目、原料、产品、CIP 清洗、检验方法、检验仪器、委托加工等的变更活动，结果进行统计、分析。

② 监视和测量结果。通过监视和测量，可收集到关键工艺参数、设备运行情况等信息，在管理评审时应对监视、测量结果及趋势进行统计、分析。

③ 与 PRP 和危害控制计划相关的验证活动结果的分析。食品安全小组对 PRP 和危害控制计划相关的验证活动结果的分析，应作为管理评审的输入。

④ 不符合和纠正措施。物料、过程、产品、日常检查等的不符合和针对不符合所采取的纠正措施应作为管理评审的输入。

⑤ 审核结果（内部和外部）。开展的内部审核、外部审核、国家监管审核等的结果应作为管理评审的输入。

⑥ 检验（例如监管部门、顾客）。组织自己开展的日常检验、外部送检、国家抽检、顾客等因产品问题开展的送检等，应作为管理评审的输入。

⑦ 外部供方的绩效。组织一般都会建立外部供方管理程序，在其中规定对外部供方的评价，针对供方供货的及时性、供货质量、供货能力、产品质量的稳定性以及供应商变更通知等进行定期的绩效评价，评价的方式、内容、结果等也应作为管理评审的输入。

⑧ 风险和机遇及其应对措施有效性的评审。组织根据要求对风险和机遇进行识别和评估，并采取措施应对风险，消除、降低或承受风险，同时抓住机遇促进组织的发展。需要对所采取的措施进行跟踪，并对其有效性进行评审。这些均应作为管理评审的输入。

⑨ FSMS目标的实现程度。组织会制定自己的长期、中期、短期目标，在管理评审时，应对这些目标实现的程度进行评审。

（4）资源的充分性

组织开展任何食品安全管理活动都需要资源，应在管理评审时对所提供的资源进行分析。

（5）发生的任何紧急情况、事故或撤回/召回

在管理评审时对组织所发生的任何紧急情况、事故或撤回/召回以及根据相关要求对这些事件的准备与处理情况进行统计、分析。

（6）通过外部和内部沟通获得的相关信息，包括相关方的请求和抱怨

通过外部沟通、内部沟通所得到的与食品安全相关的重要信息，如政府监管要求、国家风险监测计划的更新、供应商/经销商等合作方的需求以及顾客抱怨和投诉等，应作为管理评审的输入。

（7）持续改进的机会

在生产和管理过程中发现的持续改进的机会，比如体系文件的更新、管理方法的改进、产品精进等，应作为管理评审的输入。

9.3.3 管理评审输出

组织在开展管理评审后，应输出的内容包括：在管理评审会议上由最高管理者所决定的持续改进项以及各相关部门针对改进项所制定的措施；在管理评审会议上由最高管理者所决定的有关食品安全管理体系的更新和变更，如食品安全方针、目标的修订；最高管理者应提供的资源；设计开发、物料供应、生产过程管理、工艺管理、设备管理、检验管理、贮存、物流、销售、消费者管理等过程所需的更新和变更等。

【应用案例】

管理评审输入材料可根据组织自身需求，采取PPT等多种形式，不在此展示。管理评审相关记录如（　　）年管理评审会议通知、管理评审报告（表51）及管理评审改进项统计表（表52）所示。

（　　）年管理评审会议通知

为了确保公司××体系运行的适宜性、充分性、有效性，计划在××××年××月××日召开××××年管理评审会议，对各管理体系进行管理评审，请按《会务手册》要求按时参加会议。具体要求如下：

一、管理评审会议

1.召开时间：××××年××月××日

2.会议主持人：×××

3.评审参加部门及人员、会务安排请参见附录一《会务手册》

4.会议形式（略）

5.管理评审报告

由质量部负责记录并撰写报告，经分公司经理签批后下发给各相关部门，由质量部统筹依据管理评审制定分公司及各部门×××××体系工作规划。

二、管理评审依据（略）

三、管理评审材料内容

1.管理评审输入（略）

2.管理评审输出（略）

单位：

日　期：　　年　月　日

附录一：

（　　）年管理评审会议

会务手册

×××××·×××

××××年××月××日

01 会议议程

会议时间：××××年××月××日××××××开始

会议地点：

日期	时间	内　容	汇报人	时长	备注

02 会议须知（略）

03 参会名单

序号	姓名	部门	职位

表 51　管理评审报告

编号：　　　　　　　　　　　　　日期：　　　年　月　日

评审时间		地点	
负责人		参加评审部门	
参加人			
评审依据			

主要内容和目的：

1.评审目的：
2.评审内容：

主要结论：
（略,在评审过程中发现的问题及管理评审改进指令参见《管理评审改进项统计表》）

备注：
评审报告发放范围为：

编写人：　　　　　　　　　年　月　日
批准人：　　　　　　　　　年　月　日

表 52 管理评审改进项统计表

序号	日期	审核/发现人	改进项	部门	照片	调查结果	风险评估				措施		责任人	纠正跟踪（验证人/时间/关闭情况）	CAPA 跟踪（验证人/时间/关闭情况）
							严重性	发生频率	得分	风险等级	纠正	CAPA			

10   改进

10.1   不符合和纠正措施

当出现不符合时，不仅要对不符合做出应对，同时应评价是否需要采取纠正措施，对不符合进行评审，分析、确定不符合发生的根本原因，这也是组织应该关注的，因为分析出来的原因有时只是表面的原因，并不是深层次的根本原因，所以采取纠正措施后，不符合常常会重复发生。只有从根本上消除产生不符合的原因，才能避免这种不符合再次发生，或者避免在其他场合发生相同的不符合。

制定的纠正措施应考虑该不符合所产生的影响，措施应与所产生的影响相适应。对实施的纠正措施应进行评审，评审纠正措施的有效性，在需要的时候，变更食品安全管理体系，比如更新 HACCP 计划、卫生清洁计划，调整配方，更换供应商，改变工艺，更新设备等。

不符合的性质以及针对不符合采取的措施、纠正措施的结果应保留记录。

10.2   持续改进

持续改进食品安全管理体系的适宜性、充分性、有效性是最高管理者的职责，可通过开展各种活动来加以改进。

10.3   食品安全管理体系的更新

食品安全管理体系不仅要建立、实施、保持，还应持续改进，才能适应组织的发展，食品安全管理体系持续更新是最高管理者的职责。

食品安全小组应对食品安全管理体系进行评价，时间间隔由食品安全小组按组织需求决定。

体系更新活动应保留记录，并作为管理评审的输入。

HACCP 原理及应用

1 HACCP 原理概述

建立在科学性和系统性基础上的 HACCP，对特定危害的识别规定了控制方法，以确保食品的安全性。HACCP 是一种评估危害和建立控制体系的工具，它旨在建立以预防为主而不是主要依靠最终产品检验的控制体系。任何 HACCP 体系都具有适应变化的能力，例如设备设计、加工方法或技术开发上的进步。

HACCP 可应用由最初生产者到最终消费者的食品链中，在加强食品安全性的同时，实施 HACCP 体系也能带来其他重大收益。此外，HACCP 体系的应用有助于制定规章的权力机构进行检验，并通过提高食品安全的可信度促进国际贸易。

HACCP 应用与实行质量管理体系（例如 ISO 9000 系列）是兼容的，在这些系统内的食品安全管理中，HACCP 的应用是一个可供选择的系统。

1.1 名词解释

控制（动词）（control）：采取一切必要措施，确保并保持与 HACCP 计划所制定的安全指标一致。

控制（名词）（control）：遵循正确的方法和达到安全指标的状态。

控制措施（control measure）：用以防止或消除食品安全危害或将其降低到可接受的水平所采取的任何措施和活动。

纠偏措施（corrective action）：在关键控制点（CCP）上，监测结果表明失控时所采取的任何措施。

关键控制点（critical control point，CCP）：可运用控制，有效防止或消除食品安全危害，或降低到可接受水平的步骤。

关键限值（critical limit）：将可接受水平与不可接受水平区分开的判定标准。

偏差（deviation）：不符合关键限值标准。

流程图（flow diagram）：生产或制作特定食品所用操作顺序的系统表达。

危害分析和关键控制点（HACCP）：对食品安全有显著意义的危害加以识别、评估，以及控制食品安全危害的体系。

危害分析和关键控制点计划（HACCP plan）：根据 HACCP 原理所制定的用以确保食

品链各考虑环节中对食品显著危害予以控制的文件。

危害（hazard）：会对食品产生潜在的健康危害的生物、化学或物理因素或状态。

危害分析（hazard analysis）：收集和评估导致危害和危害条件的过程，以便确定哪些对食品安全有显著危害，从而应被列入 HACCP 计划中。

监控（monitor）：为了确定 CCP 是否处于控制之中，对所实施的一系列的预定控制参数所做的观察或测量进行评估。

步骤（step）：食品链中某个点、程序、操作或阶段，包括从初级生产到最终消费。

确认（validation）：获得证据，证明 HACCP 的各要素是有效的过程。

验证（verification）：除监控外，用以确定是否符合 HACCP 计划所采用的方法、程序、测试和其他评估方法。

1.2　HACCP 的七大原理

HACCP 包括下列七项原理：

原理 1　进行危害分析

原理 2　确定关键控制点

原理 3　建立关键限值

原理 4　建立监控关键控制点控制体系

原理 5　当监控表明个别 CCP 失控时所采取的纠偏措施

原理 6　建立验证程序，证明 HACCP 体系工作的有效性

原理 7　建立关于所有适用程序和这些原理及其应用的记录系统

在危害鉴别、评估以及随后设计和应用 HACCP 体系的过程中，必须考虑到原料、辅料、食品制作操作规范和控制危害的加工工序的作用等，还要考虑产品的最终使用目的，有关消费者目录种类，以及与食品安全有关的流行病学的根据。

HACCP 体系的目的旨在集中控制 CCP，如果鉴别某个危害必须予以控制，而无 CCP 存在，就应考虑重新设计操作工序。HACCP 应独立地应用于各个特定的操作工序。法典卫生规范（Codex Code of Hygienic Practice）中给出了 CCP 鉴别的一些实例，即任何实例中 CCP 未必是某一特定食品 HACCP 应用中唯一的 CCP，或者它们各自具有不同的属性。

当产品、加工或任何步骤进行修改时，对 HACCP 的应用要进行审核，并对其作出必要的修改。重要的是，考虑到操作的特性和生产规模，在 HACCP 应用时，要有适当的灵活性并赋予应用的内涵。

1.3　推行 HACCP 计划的十二个基础步骤

1.3.1　组成 HACCP 小组

HACCP 小组应确保有相应的产品专业知识和经验，以便制定有效的 HACCP 计划，最理想的是，组成多种学科小组来完成该项工作。如现场缺乏这些知识和经验时，应从其他途

径获得专家的意见。

1.3.2 产品描述

应勾画出产品的全面描述，包括相关的安全信息，如成分，物理、化学结构，加工方式（如热处理、冷冻、盐渍、烟熏等），包装，保质期，贮存条件和销售方法。

1.3.3 识别和拟定用途

拟定用途应基于最终用户和消费者对产品的使用期望。在特定情况下，还必须考虑易受伤害的消费人群，如团体进餐情况。

1.3.4 制作流程图

流程图由 HACCP 小组制作，该图应包括所有操作步骤。当 HACCP 应用于给定操作时，应对特定操作的前后步骤予以考虑。

1.3.5 流程图的现场确认

在各个操作阶段、操作时间内，HACCP 小组应确定操作过程是否与流程一致，并对流程图作适当修改。

1.3.6 列出所有与每一步骤有关的潜在危害，进行危害分析，并采取措施控制已鉴别的危害（见原理 1）

HACCP 小组应列出每个步骤中可能产生的所有危害，这些步骤包括原料生产、加工制作、销售和售后。

HACCP 小组下一步应对 HACCP 计划进行危害分析，鉴定哪些危害具有在食品安全生产中必须予以消除或降低可接受水平的属性。

在进行危害分析时，应涉及下列几个方面：有可能产生的危害并影响健康的严重性；定性和/或定量评价出现的危害；相关微生物生存或增殖；食品中毒素、化学或物理因素的存在和持久性；导致上述原因的条件。

HACCP 小组必须考虑采取什么控制措施，如有，并可将其应用到每一个危害中去。

可能需要多个控制措施来控制某一个特定危害，某一个特定的控制措施也可能控制多个危害。

1.3.7 确定关键控制点（见原理 2）

可能有一个以上的关键控制点适用于控制同一危害。判断树——逻辑推理方法的应用有助于 HACCP 体系中 CCP 的确定。判断树的应用是灵活的，它应用于生产、屠宰、加工、贮藏、销售等的操作，确定 CCP 时应使用判断树作为指南。判断树并不能适用于一切情况，所以也可采用其他方法。

如果一种危害在某一步骤中被确认，需予控制，以使食品安全。但在该步骤或任何其他步骤中都没有控制措施存在，那么在该步骤或其前后步骤应对产品或加工方法予以修改，包括控制措施。

1.3.8　建立各 CCP 的关键限值（见原理 3）

如可能，对每个关键控制点必须规定关键限值，并保证其有效性。在某些情况下，在特定步骤中应对一个以上的关键限值作详细说明。通常采用的指标包括温度、时间、湿度、pH、有效氯的测量以及感官参数。

1.3.9　对各个关键控制点（CCP）建立监控系统（见原理 4）

监控是对控制点相关关键限值的测量或观察。监控方法必须能够检测 CCP 是否失控。监控应最好能及时提供检测信息，以便作出调整，以确保加工控制，防止超出关键限值。如可能，当监控结果表明 CCP 的控制有失控趋势时，应对过程进行调整并在偏差发生之前就采取调整措施。从监测中获得的数据必须由指定的技术人员和执行纠偏措施的机构来评估。如果监控是不连续的，监控频率或数量必须足以保证 CCP 处于受控状态，绝大多数 CCP 监控程序需要快速进行，因为他们关系到流水线加工，同时也不需要过长的分析检验时间。物理和化学测量通常优于微生物检验。与监控 CCP 有关的所有记录和文件必须由做监控人员签名和公司负责审核的人员签字。

1.3.10　建立纠偏措施（见原理 5）

必须对 HACCP 体系中每个 CCP 制定特定的纠偏措施，以便出现偏差时进行处理。

措施必须保证 CCP 重新处于控制状态。采取的措施还必须包括受影响的产品的合理处置。偏差和产品的处置方法必须保存在 HACCP 体系记录中。

1.3.11　建立验证程序（见原理 6）

为了确定 HACCP 体系是否正确运行，可以采用包括随机抽样和分析在内的验证和评审方法、程序。验证的频率应足以证实 HACCP 体系运行的有效性。验证活动例子包括：HACCP 体系和记录的审核；偏差和产品处置的审核；确定 CCP 处于控制状态；如可能，有效性活动应包括对 HACCP 计划所有要素绩效的证实。

1.3.12　建立文件和保持记录（见原理 7）

应用 HACCP 体系必须有效、准确地保存记录。HACCP 程序应文件化。文件和记录的保存应合乎操作种类和规模。

文件范例：危害分析；CCP 测定；关键限值的确定。

记录范例：CCP 监控活动；偏差和有关的纠偏措施；修改 HACCP 体系；HACCP 工作记录单。

2 奶粉用塑料勺和盖 HACCP 应用

2.1 食品安全小组任命书

姓名	组内职务	部门职务	专业特长	小组内主要职责
刘**	组长	质量经理	注塑工艺、食品质量安全管理	领导并确保公司食品安全管理体系和 HACCP 体系的正确有效运行,确保生产过程符合公司的体系要求;审核、验证食品安全管理体系;定期向公司的最高管理层汇报食品安全管理体系运行情况;就本公司 HACCP 体系有关事宜与外部专家、机构联络;负责食品安全管理体系的设计和组织实施;组织编制各种程序和 HACCP 计划并负责贯彻;主持 HACCP 小组会议并协调食品安全管理体系运行中的问题;组织实施内审并负责关键控制点纠偏措施的实施,确保其处于受控状态;及时通报食品安全管理体系的运行情况
张**	组员	人力资源部经理	企业管理	负责制定生产人员培训计划并组织实施
刘**	组员	供销部经理	市场分析、采购管理	负责产品销售市场的开发,满足市场顾客的需求,负责市场信息收集整理并传送,负责产品撤回/召回
				负责原辅材料的采购,确保原辅材料符合要求;负责物资供应信息的收集整理;负责物资采购并对其负责
王**	组员	QC	分析与检测	负责起草实验室管理文件;负责督促检查实验室工作;负责计量器具的校准、维修维护和保养
赵**	组员	生产部经理	设备安装调试、维护与保养 生产计划	负责生产设备的安装、调试、维护和保养,并保证生产正常运转,提供有关机械设备的资料;负责对车间卫生监督检查;负责操作性前提方案(包括产品追踪和产品标识规程、生产操作规范等)及 HACCP 计划的具体落实实施;负责生产计划的确认和制定、产品防护、分类标识
孙**	组员	储运部经理	仓储控制	负责仓库卫生管理,对成品的储运卫生、仓储条件进行监督、管理,产品防护

2.2 原辅料和包材特性的描述

2.2.1 聚丙烯树脂

名称或类似标识:聚丙烯树脂	
产地	××股份有限公司
采购方式(直接采购/集团统一采购/临时采购)	直接采购
供应商名称及类型(直接生产厂家/经销商/商超)	经销商:××有限公司、××有限公司
生产方法	以丙烯为单体,经催化聚合、精制、造粒而成
配制辅料的组成	聚丙烯

包装及交付方式	塑料袋包装,通过汽运交付
贮存条件及保质期	贮存在干燥、通风良好、避光的场所;不得与有毒、有害、有腐蚀性或易燃易爆的物品一起贮存;贮存期不得超过一年
使用或生产前的预处理	脱包后直接使用
重要的特性 (化学、生物、物理)	淡乳白色粒料,无味、无毒、质轻的热塑性树脂 相对密度:0.90～0.91 耐热性能良好,熔点在170℃左右 无外力作用下150℃不变形 化学稳定性好,耐酸、碱和有机溶剂 几乎不吸水 低温时变脆,低温冲击强度差

质量标准	分析项目		指标
	外观		淡乳白色半透明料粒、色泽、颗粒大小无明显差异,表面光滑,无异物,无异味、异臭
	熔体质量流动速率/ (g/10min)	<1	$M_1 \pm 0.5M_1$
		≥1	$M_2 \pm 0.3M_2$
	拉伸屈服应力/MPa		>20.0
	弯曲模量/MPa		>800
	悬臂梁冲击强度(23℃)/(kJ/m²)		>2.8
	负荷变形温度/℃		>60
	邻苯二甲酸酯(18P)/(mg/kg)		不得检出
	壬基酚/(mg/kg)		不得检出
	双酚 A/(mg/kg)		不得检出
接受准则或用途说明	按照 GB/T 12670—2008 标准,每批由厂家提供出厂检验报告单,需经质量部按公司《原辅材料、包材检验标准》查验合格后方可使用		

注：M_1、M_2 是每个牌号产品指标的标称值。

2.2.2　色母粒

名称或类似标识:色母粒	
产地	××省××市
采购方式(直接采购/集团统一采购/临时采购)	直接采购
供应商名称及类型(直接生产厂家/经销商/商超)	直接生产厂家;××有限公司
生产方法	将处理后的颜料、助剂等与载体树脂按一定比例混合,经造粒而成的颗粒料
配制辅料的组成	树脂、颜料、分散剂
包装及交付方式	用有内衬薄膜的牛皮纸袋包装;汽运交付
贮存条件及保质期	贮存在干燥、通风良好、避光的场所,不得与有毒、有害、有腐蚀性或易燃易爆的物品一起贮存;保质期两年

使用或生产前的预处理	脱包后直接使用		
重要的特性 （化学、生物、物理）	具有良好的分散性，化学性质稳定，不会发生吸水、氧化等现象		
质量标准	分析项目		指标
	表面		塑化良好，表面光滑
	形状		扁圆形或圆柱形的粒状物
	颗粒		颗粒大小均匀，不允许有两粒以上的连接粒
	颜色		颜色均匀、无色点色斑、无其他颜色混入
	异物		表面无杂质
	气味		无异味、异臭
	总色差		≤3
	含水率/%		≤0.15
	分散性 （色粉点、黑点）/mm	>1.0	不允许
		>0.6~1.0	≤8 个
		0.3~0.6	允许
	总迁移量/(mg/dm²)		≤10
	高锰酸钾消耗量/(mg/kg) （水、60℃、2h）		≤10
	重金属/(mg/kg) （以 Pb 计、4％乙酸、60℃、2h）		≤1
	脱色实验		阴性
	邻苯二甲酸酯(18P)/(mg/kg)		不得检出
	壬基酚/(mg/kg)		不得检出
	双酚 A/(mg/kg)		不得检出
	双酚 S/(mg/kg)		不得检出
接受准则或用途说明	色母料中添加剂的种类和添加量应符合 GB 9685—2016 标准的规定，其卫生指标应符合 GB 4806.6—2016 标准的规定，每批由厂家提供出厂检验报告单，需经质量部按公司《原辅材料、包材检验标准》查验合格后方可使用		

2.2.3　勺膜

名称或类似标识：勺膜

产地	××省××市
采购方式（直接采购/集团统一 采购/临时采购）	直接采购
供应商名称及类型（直接生产 厂家/经销商/商超）	直接生产厂家：××有限公司
生产方法	MATOPP：经消光材料和聚丙烯材料共挤出方式，并经双向拉伸而产生 CPP：通过流延挤塑工艺生产

配制辅料的组成	聚丙烯树脂		
包装及交付方式	内为一次性内袋包装,外为瓦楞纸箱包装;汽运交付		
贮存条件及保质期	贮存在清洁、通风、干燥、温度适宜的库房内,不能受强烈阳光直接照射,不得与有毒、有害、有腐蚀性或易燃易爆的物品一起贮存,距热源不少于1m,堆放合理;保质期一年		
使用或生产前的预处理	脱包后,经紫外线、臭氧照射消毒		
重要的特性 (化学、生物、物理)	MATOPP:反光度小,呈半透明状,具有热封性能		
	CPP:光泽性优良,无色透明,强度与挺度好,具有热封性能		
	相对密度:0.92,熔点:135～165℃,适应温度0～120℃		
质量标准	分析项目		指标
	勺膜松紧		搬运时不出现膜间滑动
	勺膜端面		端面平整,不平整度不大于3mm
	表面		表面平整光洁,无破损、无划痕、无暴筋、无烫伤、无气泡、无穿孔
	接头		每卷膜中的接头不多于3个,接头应对准图案,接头应牢固平整并有明显标记(红色或黄色胶带)
	异物		表面无杂质、异点、油污
	印刷		文字图案样式、大小、颜色、位置准确,与标样一致,图案清晰,无叠影,不褪色
	气味		无异味、异臭
	剥离强度(纵/横)/(N/15mm)		≥0.6
	热合强度(纵/横)/(N/15mm)		≥7
	拉断力(纵/横)/N		≥20
	断裂标称应变/%	纵向	50～180
		横向	15～90
	直角撕裂力/N		≥3.0
	抗摆锤冲击能/J		≥0.6
	水蒸气透过量/[g/(m²·24h)]		≤5.8
	氧气透过量/[cm³/(m²·24h·0.1MPa)]		≤1800
	摩擦系数(内/内)		≤0.4
	甲苯二胺(4%乙酸)/(mg/L)		<0.004
	总迁移量/(mg/dm²)		≤10
	高锰酸钾消耗量/(mg/L) (水,60℃,2h)		≤10
	重金属/(mg/L) (以Pb计,4%乙酸、60℃、2h)		≤1
	溶剂残留量/(mg/m²)	总量	≤5.0
		苯类溶剂	不得检出
	邻苯二甲酸酯迁移量(18P)/(mg/kg)		不得检出
	壬基酚迁移量/(mg/kg)		不得检出
	双酚A迁移量/(mg/kg)		不得检出
	菌落总数/(CFU/100cm²)		≤5
	大肠菌群/(CFU/100cm²)		不得检出
	霉菌、酵母菌/(CFU/100cm²)		不得检出
	金黄色葡萄球菌/(CFU/100cm²)		不得检出
	沙门菌/(CFU/100cm²)		不得检出
接受准则和用途说明	依据GB/T 10004—2008标准、GB 4806.7—2016标准。每批原料需经质量部按公司《原辅材料、包材检验标准》验收合格后方可使用。用于塑料勺内包装		

2.2.4　内包装箱膜

名称或类似标识:内包装箱膜	
产地	××省××市
采购方式(直接采购/集团统一采购/临时采购)	直接采购
供应商名称及类型(直接生产厂家/经销商/商超)	直接生产厂家:××有限公司
生产方法	吹塑法生产经分切、制袋而成
配制辅料的组成	聚乙烯树脂
包装及交付方式	内为一次性内袋包装,外为编织袋包装;汽运交付
贮存条件及保质期	在干燥、阴凉、清洁的库房内堆放整齐,远离热源(距热源不少于1m);保质期两年
使用或生产前的预处理	使用前经紫外线、臭氧照射消毒
重要的特性 (化学、生物、物理)	半透明、有光芒、质地较柔软,具有精良的化学稳定性、热封性、耐水性和防潮性,耐冷冻,可水煮

质量标准	分析项目		指标
	外观		厚度均匀、平整,切边整齐,色泽均匀,不允许有划伤、烫伤、气泡、穿孔、粘连以及异物附着,不得有塑化不良、鱼眼僵块等
	热封部位		热封部位应平整紧密,无虚封、扭曲等现象,不能出现打不开袋或双封口现象
	气味		无异味、异臭
	拉伸强度(纵横向)/MPa		≥11
	断裂标称应变/% (纵横向)	厚度<0.050mm	≥100
		厚度≥0.050mm	≥150
	落镖冲击		不破裂数≥8个
	总迁移量/(mg/dm²)		≤10
	高锰酸钾消耗量/(mg/kg) (水、60℃、2h)		≤10
	重金属/(mg/kg) (以Pb计,4%乙酸、60℃、2h)		≤1
	脱色实验 (仅适用添加了着色剂的产品)		阴性
	邻苯二甲酸酯含量或迁移量(18P)/ (mg/kg)		不得检出
	壬基酚含量或迁移量/(mg/kg)		不得检出
	双酚A含量或迁移量/(mg/kg)		不得检出
	菌落总数/(CFU/100cm²)		≤5
	大肠菌群/(CFU/100cm²)		不得检出
	霉菌、酵母菌/(CFU/100cm²)		不得检出
接受准则和用途说明	依据 GB/T 4456—2008、GB 4806.7—2016。每批原料经质量部按公司《原辅材料、包材检验标准》验收合格后方可使用。用于塑料勺、塑料盖内包装		

2.2.5 纸箱

名称或类似标识:纸箱	
产地	××省××市
采购方式(直接采购/集团统一采购/临时采购)	直接采购
供应商名称及类型(直接生产厂家/经销商/商超)	直接生产厂家:××有限公司
生产方式	瓦楞纸经模切、压痕、订箱(或粘箱)成瓦楞纸箱
配制辅料的组成	瓦楞纸
包装及交付方式	每十个纸箱一捆打包好;汽运交付
贮存条件及保质期	贮存于通风、干燥的库房内,码放整齐,底层距地面高度不小于100mm
使用或生产前的预处理	直接使用
重要的特性(化学、生物、物理)	具有良好的抗压强度和防震性能,轻便坚固

质量标准	分析项目	指标
	外观	表面应平整、干净、无污物、无破损、无裂纹
	结构	黏合及订合应牢固,不得有黏合及订合不良、不规则等使用上的缺陷
		黏合及订合搭接舌边宽度:单瓦楞纸箱30mm以上,双瓦楞纸箱35mm以上;钉线间隔:单钉≤80mm,双钉≤110mm;黏合剂涂布应均匀
		纸箱接头黏合搭接舌边宽度不少于30mm,黏合剂涂抹应均匀充分,不得有溢出现象。黏合应牢固,剥离时至少有70%的黏合面被破坏
		压痕线宽度≤17mm,折线居中不得有破裂或断线,箱壁不得有多余压痕线
		摇盖应牢固,经多次开合,里外层均不得有裂缝
	切边	构成纸箱各面的切断部及棱必须互成直角,切边整齐、平滑、无毛边
	印刷	图字清晰,样式、大小、颜色、位置准确,与标样一致,无叠影,不褪色
接受准则和用途说明		依据QB/T 6543—2008。每批原料需经质量部按公司《原辅材料、包材检验标准》验收合格后方可使用。用于产成品外包装

2.2.6 模内标签

名称或类似标识:模内标签	
产地	××市
采购方式(直接采购/集团统一采购/临时采购)	直接采购
供应商名称及类型(直接生产厂家/经销商/商超)	直接生产厂家:××有限公司
生产方式	通过印刷层、中间层、黏合剂层生产的塑料薄膜类膜内标签

配制辅料的组成	PE、PP 或二者的合成物或双向拉伸聚丙烯薄膜(BOPP)
包装及交付方式	内为一次性内袋包装,外为瓦楞纸箱包装,纸箱应有足够强度,保证模内标签不受损坏;汽运交付
贮存条件及保质期	贮存温度应与使用环境温度相近,贮存过程中应防止重压,轻拿轻放,防止阳光暴晒和雨淋,不得与挥发性溶剂及腐蚀性物品一起贮存
使用或生产前的预处理	直接使用
重要的特性 (化学、生物、物理)	色彩鲜艳,图像精细清晰,耐磨性能好

质量标准	分析项目		指标	
	外观		表面干净、平整,无明显卷曲,无划伤	
	印刷		无条杠、无重影	
		脏污点最大长度	0.20~0.35mm	≤3 个
			≤0.20mm	允许
	烫印		烫印表面平实,文字图案与标样一致、平整清晰,无残缺、无色变、无拉金	
	模切切口		切边整齐,无毛边	
	总迁移量/(mg/dm²)		≤10	
	高锰酸钾消耗量/(mg/kg) (水、60℃、2h)		≤10	
	重金属/(mg/kg) (以 Pb 计,4%乙酸、60℃、2h)		≤1	
	脱色实验		阴性	

接受准则和用途说明	依据 BB/T 0053—2009、GB 4806.7—2016,每批原料需经质量部按公司《原辅材料、包材检验标准》验收合格后方可使用。模内贴标产品表面

2.2.7 不锈钢器具

名称或类似标识:不锈钢器具

产地	××省××市
采购方式(直接采购/集团统一采购/临时采购)	直接采购
供应商名称及类型(直接生产厂家/经销商/商超)	商超
生产方式	—
配制辅料的组成	不锈钢
包装及交付方式	缠绕膜包装;供方送货
贮存条件及保质期	贮存于干燥、通风的库房内,注意妥善保管。不得与导致产品污染的货物混堆
使用或生产前的预处理	75%酒精消毒后使用
重要的特性 (化学、生物、物理)	有良好的耐腐蚀性、耐热性、耐低温性和机械特性

质量标准	分析项目	指标
	菌落总数(CFU/cm²)	≤20
	肠菌群(CFU/cm²)	不得检出
接受准则和用途说明	依据 GB 4806.9—2016。每批原料需经质量部按公司《工序微生物检测标准》验收合格后方可使用。产成品周转用	

2.2.8 洗手用水

名称或类似标识:洗手用水

产地	××省××市	
供应商名称及类型(直接生产厂家/经销商/商超)	市政管网	
使用或生产前的预处理	直接使用	
重要的特性(化学、生物、物理)	无异味、无肉眼可见杂质	
质量标准	分析项目	指标
	色度(铂钴色度单位)	≤15
	浑浊度(散射浑浊度单位)/NTU	≤1
	臭和味	无异臭、无异味
	肉眼可见物	无
	pH	6.5~8.5
	余氯/(mg/L)	≥0.05
	大肠菌群/(MPN 或 CFU/100mL)	不得检出
	菌落总数/(CFU/mL)	≤100
接受准则和用途说明	符合 GB 5749—2006 标准要求;用于员工进入车间的洗手使用,每年第三方检测一次	

2.2.9 酒精

名称或类似标识:75%酒精

产地	××省××市(××有限公司)
采购方式(直接采购/集团统一采购/临时采购)	直接采购
供应商名称及类型(直接生产厂家/经销商/商超)	经销商:××有限公司
生产方法	糖质原料和淀粉原料发酵、蒸馏制成
组成	化学品成分乙醇
包装及交付方式	瓶装,外瓦楞纸箱包装;汽运交付

储存条件及保质期	存放于阴凉、通风处,远离热源,保持低温;保持容器密封,与酸类、金属粉末分开存放;保质期两年
使用或生产前的预处理	直接使用
重要的特性(化学、生物、物理)	无色透明、易挥发的液体 pH:6.0~9.0 沸点:79℃ 熔点:-117℃ 相对蒸馏密度(空气=1):1.6 饱和蒸气压(kPa):5.8(20℃) 闪点(℃):13 引燃温度(℃):363 爆炸上限(体积分数,%):19 爆炸下限(体积分数,%):3.3 溶解性:能与水混溶
接受准则和用途说明	按照 GB 10343—2008 标准。每批原料需经质量部验收合格后方可使用。生产过程中的消毒剂

2.2.10 润滑油/脂（食品级）

名称或类似标识:润滑油/脂(食品级)	
产地	××投资公司
采购方式(直接采购/集团统一采购/临时采购)	直接采购
供应商名称及类型(直接生产厂家/经销商/商超)	经销商:××有限公司
生产方法	由基础油、添加剂调配而成
配制辅料的组成	精制矿物油
包装及交付方式	瓶装,外包装纸箱;汽运交付
贮存条件及保质期	不可存放于开口或无标识容器中,按厂家出厂说明保存
使用或生产前的预处理	直接使用
重要的特性 (化学、生物、物理)	白色半流体固体,无异味 相对密度(15℃):0.88 闪点(℃):>249 沸点(℃):>371(估值) 蒸气压力(20℃):<0.013Pa(0.1mm Hg)(估值) 正辛醇水分配系数对数值:>3.5(估值)
接受准则和用途说明	依据 GB 15179—1994 标准。提供食品润滑油/脂认证证明(有 NSF 认证标识),验收合格后方可使用;用于机械设备产品接触表面的润滑

2.2.11 防锈剂

名称或类似标识:防锈剂(食品级)

产地	××省××市
采购方式(直接采购/集团统一采购/临时采购)	直接采购
供应商名称及类型(直接生产厂家/经销商/商超)	直接生产商:××有限公司
生产方法	工业生产
配制辅料的组成	有机溶剂、有机防锈剂、无机防锈剂、液化石油气推进剂
包装及交付方式	瓶装,外瓦楞纸箱包装;汽运交付
贮存条件	贮存于常温常压条件下,远离热源,注意妥善保管
使用或生产前的预处理	直接使用
重要的特性 (化学、生物、物理)	沸点(℃):80 蒸发速率(n-丁基醋酸盐＝1):1.4 黏蒸气压(20℃,mmHg):105 水溶性:不溶 有机溶剂中溶解性:溶于氯仿
接受准则和用途说明	提供食品级认证证明,验收合格后方可使用。用于模具保养防锈

2.2.12 模具清洗剂

名称或类似标识:模具清洗剂(食品级)

产地	××省××市
采购方式(直接采购/集团统一采购/临时采购)	直接采购
供应商名称及类型(直接生产厂家/经销商/商超)	直接生产商:××有限公司
生产方法	无毒、高溶解性原料和渗透力强的溶剂调配而成
配制辅料的组成	有机溶剂、液化石油气推进剂
包装及交付方式	瓶装,外瓦楞纸箱包装;汽运交付
贮存条件及保质期	存放于常温常压条件下,远离热源,注意妥善保管;保质期5年
使用或生产前的预处理	直接使用

重要的特性 (化学、生物、物理)	沸点(℃):80 蒸发速率(n-丁基醋酸盐=1):1.4 黏蒸气压(20℃,mmHg):105 水溶性:不溶 有机溶剂中溶解性:溶于氯仿
接受准则和用途说明	提供食品级认证证明,验收合格后方可使用。用于清洁模具

2.3 终产品特性及其预期用途描述

2.3.1 塑料盖

序号	项目	内容
1	产品名称	塑料盖
2	配制辅料的组成	聚丙烯树脂、色母粒
3	产地	××省××市
4	销售地点	销售范围国内市场
5	生产厂	生产厂家:××有限公司
6	生产方法	聚丙烯树脂为主要原料,经添加色母料后,采用注塑成型制成塑料奶粉盖
7	重要的特性(化学、生物、物理)	具有防伪装置,可对折的盖体及内嵌勺或内嵌勺卡槽的特殊扣式塑料盖

序号	项目		项目	指标
8	公司产品执行企业标准		外观	盖的表面应光滑,不允许有杂质、气泡,颜色均一,注塑完整,不允许有明显的缩痕及飞边,图案、文字清晰
			质量、尺寸偏差	依据客户标准要求
			跌落试验	跌落后无破裂
			配合性	盖应与奶粉桶配合适宜,不应有难以扣上或扣上后倒置奶粉桶时盖从奶粉桶上脱落的现象
				盖与勺配合适宜,不应有难以将勺放置在内嵌勺卡槽上或放置后将盖任意角度转动,勺不应有从盖的内嵌勺卡槽上脱落的现象

序号	项目	内容	
		项目	指标
8	公司产品执行企业标准	配合性	内嵌勺与盖子连接处无断点， 勺断点力：勺头 30～70N 勺尾 40～70N
		防伪性能	开启防伪装置后结构有明显破坏，易于识别且不能恢复原状
		大肠菌群/(个/50cm²)	不得检出
		霉菌/(CFU/g)	≤50
		菌落总数/(CFU/cm²)	依据客户标准要求
		金黄色葡萄球菌/(CFU/cm²)	不得检出
		阪崎克罗诺杆菌/(CFU/cm²)	不得检出
		沙门菌/(CFU/cm²)	不得检出
		总迁移量/(mg/kg)	≤60
		高锰酸钾消耗量/(mg/kg) (水、60℃、2h)	≤10
		重金属/(mg/kg) (以 Pb 计,4%乙酸、60℃、2h)	≤1
		脱色实验	阴性
		荧光	不得检出
		溶剂残留量/(mg/m²)	依据客户标准要求
		邻苯二甲酸酯迁移量（18P）/ (mg/kg)	依据客户标准要求
		壬基酚迁移量/(mg/kg)	依据客户标准要求
		双酚 A 迁移量/(mg/kg)	依据客户标准要求
		双酚 S 迁移量/(mg/kg)	依据客户标准要求
		芳香族伯胺迁移量/(mg/kg)	依据客户标准要求
9	包装及交付方式	包装方式：采用内衬塑料袋，外用瓦楞纸箱包装 交付方式：由公司委托专门运输公司送货到客户工厂，运输车辆应保持清洁、干燥处，避免日晒雨淋，不得与有毒、有害、有异味、有腐蚀性或易燃易爆的物品一起运输，运输工具应备有厢棚或苫布，在运输时应轻拿轻放，防止机械碰撞	
10	贮存条件及保质期	产品应贮存于清洁、干燥处，避免日晒雨淋，不得与有毒、有害、有异味、有腐蚀性或易燃易爆的物品一起贮存；保质期两年	
11	使用或生产前的预处理	脱包后直接使用	
12	预期用途	食品包装物（奶粉罐配套用塑料盖）	
13	接收准则或规范	企业内控标准，每批次检验合格后方可放行销售	

2.3.2 塑料防尘异形盖

序号	项目	内容
1	产品名称	塑料防尘异形盖
2	配制辅料的组成	聚丙烯树脂、色母粒
3	产地	××省××市
4	销售地点	国内市场
5	生产厂家	生产厂家:××有限公司
6	生产方法	聚丙烯树脂为主要原料,经添加色母料后,采用注塑成型制成塑料奶粉盖
7	重要的特性(化学、生物、物理)	具有防伪装置,可对折的盖体及内嵌勺卡槽的特殊扣式塑料盖
8	公司产品执行企业标准及客户标准	(见下表)

下表（序号8 内容）:

项目	指标 Ⅰ型	指标 Ⅳ型
重量/g	44.0±3.0	47.0±3.0
盖外径/mm	131.5±1.0	132.0±1.0
盖总高/mm	28.5±0.5	32.0±0.5
外观	产品表面光滑、平整、无划痕、无毛刺、无缺口、无翘曲、无气泡、无穿孔、无裂缝、无白色顶出痕、无明显熔接痕等	
图案、字样	与标样相符,字迹和商标清晰	
颜色	颜色符合标样要求,色泽均一,不能有明显的变色、褪色、颜色深浅不均	
气味	不得有刺激性的味道或异味、异臭	
异物	不得有肉眼可见杂质、黑点,内外表面干净无尘,不得有油污、碎屑及其他污染	
适配度	① 盖与之配套的勺紧密扣合,不易脱落;上盖和下盖之间紧密扣合,不应有明显的缝隙; ② 折叠勺勺柄折叠,打开可听见清脆的扣声音,勺柄展平时要求两侧勺柄夹角范围在175°～180°,塑料勺外包装袋两侧断口须有明显切痕	
柔韧性	软硬适合,具有一定柔韧性,折叠处无开裂,胶盖不平整度≤5mm,保证多次开合后仍然保持不断裂	
抗寒性	在低温条件下,仍然保持原有平整度,折叠处无折断	
防盗性	塑料盖防盗扣无损坏、断裂或脱落	
跌落性	坠落后无破损	
菌落总数/(CFU/cm^2)	<1	
大肠菌群/(CFU/cm^2)	<10	

序号	项目	内容		
8	公司产品执行企业标准及客户标准	项目	指标	
			Ⅰ型	Ⅳ型
		霉菌/(CFU/cm²)	不得检出	
		金黄色葡萄球菌/(CFU/cm²)	不得检出	
		阪崎克罗诺杆菌/(CFU/cm²)	不得检出	
		沙门菌/(CFU/cm²)	不得检出	
		总迁移量/(mg/kg)	≤60	
		高锰酸钾消耗量/(mg/kg)（水、60℃、2h)	≤10	
		重金属/(mg/kg)（以Pb计,4%乙酸、60℃、2h)	≤1	
		脱色实验	阴性	
		荧光	不得检出	
		溶剂残留量/(mg/m²) 总量	≤5.0	
		溶剂残留量/(mg/m²) 苯类溶剂	不得检出	
		邻苯二甲酸酯迁移量(18P)/(mg/kg)	不得检出	
		壬基酚迁移量/(mg/kg)	不得检出	
		双酚A迁移量/(mg/kg)	不得检出	
9	包装及交付方式	包装方式:采用内衬塑料袋,外用瓦楞纸箱包装。交付方式:由公司委托专门运输公司送货到客户工厂,运输车辆应保持清洁、干燥处,避免日晒雨淋,不得与有毒、有害、有异味、有腐蚀性或易燃易爆的物品一起运输,运输工具应备有厢棚或苫布,在运输时应轻拿轻放,防止机械碰撞		
10	贮存条件及保质期	产品应贮存于清洁、干燥处,避免日晒雨淋,不得与有毒、有害、有异味、有腐蚀性或易燃易爆的物品一起贮存		
11	使用或生产前的预处理	脱包后直接使用		
12	预期用途	食品包装物(奶粉罐配套用塑料盖)		
13	接收准则或规范	企业内控标准,每批次检验合格后方可放行销售		

2.3.3 塑料勺

序号	项目	内容
1	产品名称	塑料勺
2	配制辅料的组成	聚丙烯树脂、色母粒
3	产地	××省
4	销售地点	国内市场
5	生产厂	生产厂家:××有限公司
6	生产方法	以聚丙烯树脂为主要原料,经添加色母料后,注塑成型,包装而制成奶粉勺
7	重要的特性(化学、生物、物理)	

189

序号	项目	内容	
		项目	指标
8	公司产品执行企业标准	外观	表面清洁、平滑,不允许有明显色差,图案、文字清晰,不允许有杂质、气泡,注塑应完整,不允许有明显的缩痕、变形、飞边
		规格尺寸偏差	依据客户标准要求
		质量偏差/g	±5
		满口容量偏差/mL	±0.3
		跌落试验	无破损
		对折试验	对折处无裂纹或损坏
		跌落试验	无破损、无泄漏
		落锤冲击	不应有裂纹、变形或损坏
		菌落总数/(CFU/cm²)	依据客户标准要求
		大肠菌群/(CFU/cm²)	不得检出
		霉菌/(CFU/g)	≤50
		金黄色葡萄球菌/(CFU/cm²)	不得检出
		阪崎克罗诺杆菌/(CFU/cm²)	不得检出
		沙门菌/(CFU/cm²)	不得检出
		总迁移量/(mg/kg)	≤60
		高锰酸钾消耗量/(mg/kg)(水、60℃、2h)	≤10
		重金属/(mg/kg)(以 Pb 计,4%乙酸、60℃、2h)	≤1
		脱色实验	阴性
		荧光	不得检出
		溶剂残留量/(mg/m²)	依据客户标准要求
		邻苯二甲酸酯迁移量(18P)/(mg/kg)	依据客户标准要求
		壬基酚迁移量/(mg/kg)	依据客户标准要求
		双酚 A 迁移量/(mg/kg)	依据客户标准要求
9	包装及交付方式	包装方式:采用内衬塑料袋,外用纸箱包装,每个奶粉勺采用独立小包装。交付方式:由公司委托专门运输公司送货到客户工厂,运输车辆应保持清洁、干燥,避免日晒雨淋,不得与有毒、有害、有异味、有腐蚀性或易燃易爆的物品一起运输,运输工具应备有厢棚或苫布,在运输时应轻拿轻放,防止机械碰撞	
10	贮存条件及保质期	产品应贮存于清洁、干燥处,避免日晒雨淋,不得与有毒、有害、有异味、有腐蚀性或易燃易爆的物品一起贮存	
11	使用或生产前的预处理	脱包后直接使用	
12	预期用途	用于奶粉等的计量工具	
13	接收准则或规范	企业内控标准,每批次检验合格后方可放行销售	

2.4 工艺流程图及生产工艺描述

2.4.1 塑料盖生产工艺

塑料盖生产工艺流程图（★表示 OPRP，●表示 CCP）如下。

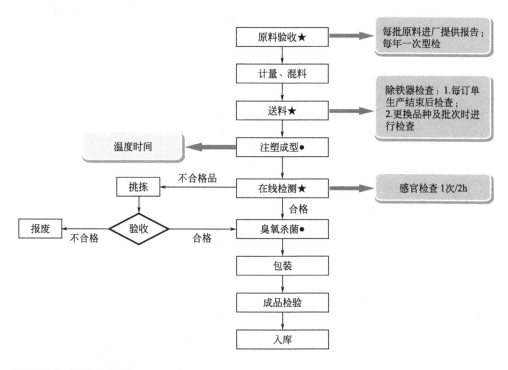

塑料盖生产工艺描述

工艺流程	主要设备或装置	主要工艺描述
原料验收	检测仪器	聚丙烯:淡乳白色半透明料粒,色泽、颗粒大小无明显差异,表面光滑,无异物,无异味、异臭; 色母粒:塑化良好、表面光滑、扁圆形或圆柱形的粒状物、颗粒大小均匀、不允许有两粒以上的连接粒、颜色均匀、无色点色斑、无其他颜色混入、表面无杂质、无异味、无异臭;含水率、总色差、分散性(色粉点、黑点)、总迁移量、高锰酸钾消耗量、重金属、脱色实验、邻苯二甲酸酯迁移量、壬基酚迁移量、双酚 A 迁移量、双酚 S 迁移量
计量、混料	电子台秤、混料缸、吸料机、除铁器	按配比规定进行配比,搅拌 5～10min
送料	吸料机	吸料时间 0～99s 除铁器检查:1.每订单生产结束后检查; 　　　　　　2.更换品种及批次时进行检查
注塑成型	注塑机、模具	注塑温度:温度≥200℃,时间≥15s,每 4h 监控一次
在线检测	人工检测	每 2h 进行一次外形、图案、颜色、气味、异物、重量、尺寸等检查
包装	人工包装	执行包装操作规程
成品检验	游标卡尺、电子天平等	由质量部对已进行大包装的产品进行抽检,即成品检验,检验合格方可入库出厂;不合格品按《不合格品控制程序》执行
入库、出厂	—	

2.4.2 塑料勺生产工艺

塑料勺生产工艺流程图（★表示 OPRP，●表示 CCP）如下。

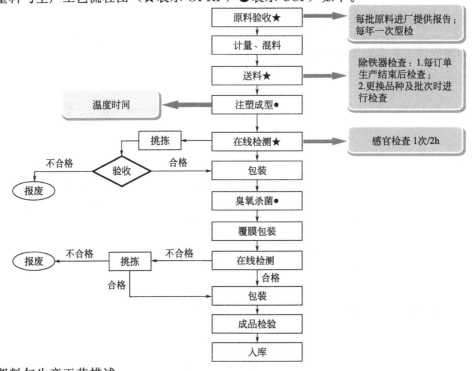

塑料勺生产工艺描述

工艺流程	主要设备或装置	主要工艺要求
原料验收	检测仪器	聚丙烯：淡乳白色半透明料粒，色泽、颗粒大小无明显差异，表面光滑，无异物，无异味、异臭； 色母：塑化良好、表面光滑、扁圆形或圆柱形的粒状物，颗粒大小均匀，不允许有两粒以上的连接粒、颜色均匀、无色点色斑、无其他颜色混入、表面无杂质、无异味、无异臭；含水率、总色差、分散性（色粉点、黑点）、总迁移量、高锰酸钾消耗量、重金属、脱色实验、邻苯二甲酸酯迁移量、壬基酚迁移量、双酚 A 迁移量、双酚 S 迁移量
计量、混料	电子台秤、混料缸、吸料机、除铁器	按配比规定进行配比，搅拌 5～10min
送料	吸料机	吸料时间 0～99s 除铁器检查：1.每订单生产结束后检查； 　　　　　　　2.更换品种及批次时进行检查
注塑成型	注塑机、模具	注塑温度：温度≥200℃，时间≥15s
在线检测	人工检测	每 2h 进行一次外形、图案、颜色、气味、异物、重量、尺寸等检查，见《注塑工序检验标准》
包装	人工	挑拣装箱，折叠勺手工按合后装箱
灭菌	臭氧发生器、紫外线灯	30min
覆膜包装	包装机	执行小包装操作规程
在线检测	人工检测	每 2h 进行一次感官检测，见《小包工序检验标准》
包装	人工包装	执行包装操作规程
成品检验	游标卡尺、电子天平等	由化验室对已进行大包装的产品进行抽检，即成品检验，检验合格方可入库出厂；不合格品按《不合格品控制程序》执行
入库	—	

2.5 危害分析评估表

2.5.1 原辅料验收

序号	工艺步骤	危害类别	在本步骤中被引入、增加或控制的危害	危害来源	危害程度分析 可能性 L	严重性 S	风险系数 P=L×S	是否显著危害 P>6	本步骤控制措施	后续控制措施	措施分类 PRP/OPRP/CCP/SOP	备注
1	原料验收（聚丙烯、色母）	化学	邻苯二甲酸酯、壬基酚、双酚A	原料本身带有	2	3	6	是	1.从合格供应商中选购符合要求的食品级树脂；2.每年一次送第三方对邻苯二甲酸酯、壬基酚、双酚A风险指标进行检测	成品每年一次送第三方对全项目进行检测（包含邻苯二甲酸酯、壬基酚、双酚A的迁移量）	OPRP1	
		物理	异物	供方生产、运输过程中带入	1	3	3	否	进厂时对运输车辆卫生、包装完好程度进行检查，不符合要求者拒收	包装过程自检，发现不合格者挑出	《生产作业指导书》	
		生物	致病菌	无								
2	卷膜、内衬膜验收	化学	总迁移量、重金属、溶剂残留总量、苯类溶剂量、邻苯二甲酸酯、壬基酚	供方生产原料中带入、生产过程带入	2	3	6	是	1.从合格供应商处采购；2.进货验验、索要随货合格检验报告；3.每年索要第三方出具的合格检验报告	成品每年一次送第三方对全项目进行检测（包含邻苯二甲酸酯、壬基酚的迁移量）	OPRP1	
		物理	异物、收虫尸体	供方生产及输运带入	3	1	3	否	进厂时对运输车辆卫生、包装完好程度进行检查，不符合要求者拒收	包装过程自检，发现不合格者挑出	《生产作业指导书》	
		生物	无									
3	内标签验收	化学	总迁移量、重金属、脱色	供方使用原料中带入、生产过程带入	1	3	3	否	1.从合格供应商处采购；2.进货验验、索要合格检验报告；3.每年索要第三方的合格检验报告	成品每年一次送第三方对全项目进行检测（包含邻苯二甲酸酯、双酚S含量或迁移量）	PRP	

序号	工艺步骤	在本步骤中被引入、增加或控制的危害		危害来源	危害程度分析				本步骤控制措施	后续控制措施	措施分类 PRP/OPRP/CCP/SOP	备注
					可能性 L	严重性 S	风险系数 $P=L\times S$	是否显著危害 $P>6$				
3	内标签验收	物理	异物	供方生产及运输过程带入	1	3	3	否	进厂时对运输车辆卫生、包装完好度进行检查,不符合要求者拒收	生产过程中,操作工进行产品自检,发现不合格品挑出	《生产作业指导书》	
		生物	无									
		化学	无									
4	纸箱验收	物理	纸碎屑、异物	供方生产、运输过程中带入	3	1	3	否	1. 进厂时检查; 2. 使用前封箱人员检查,发现后进行清理	包装过程自检,发现不合格品挑出	《生产作业指导书》	
		生物	无									

2.5.2 化学品验收

序号	工艺步骤	在本步骤中被引入、增加或控制的危害		危害来源	危害程度分析				本步骤控制措施	后续控制措施	措施分类 PRP/OPRP/CCP/SOP	备注
					可能性 L	严重性 S	风险系数 $P=L\times S$	是否显著危害 $P>6$				
1	润滑油	化学	添加剂残留超标	供方生产过程中添加剂使用不当	1	3	3	否	1. 从合格供方处选购食品级润滑油,进货时索取合格验收报告、检验报告; 2. 索取食品级润滑油的权威机构检测报告	使用后注意清洁,避免直接接触产品	PRP	
		物理	无									
		生物	无									

序号	工艺步骤	在本步骤中被引入、增加或控制的危害		危害来源	危害程度分析				本步骤控制措施	后续控制措施	措施分类 PRP/OPRP/CCP/SOP	备注
					可能性 L	严重性 S	风险系数 P=L×S	是否显著危害 P>6				
2	脱模剂	化学	添加剂残留超标	供方生产过程中添加剂使用不当	1	3	3	否	1. 从合格供方处选购食品级脱模剂,进货时验收合格检验报告; 2. 索取食品级脱模剂的权威机构检测报告	使用后注意清洁,避免直接接触产品	PRP	
		物理	无									
		生物	无									
3	模具清洗剂	化学	添加剂残留超标	供方生产过程中添加剂使用不当	1	3	3	否	1. 从合格供方处选购食品级模具清洗剂,进货时验收合格检验报告; 2. 索取食品级模具清洗剂的权威机构检测报告	使用后注意清洁,避免直接接触产品	PRP	
		物理	无									
		生物	无									
4	防锈剂	化学	添加剂残留超标	供方生产过程中添加剂使用不当	1	3	3	否	1. 从合格供方处选购食品级防锈剂,进货时验收合格检验报告; 2. 索取食品级防锈剂的权威机构检测报告	使用后注意清洁,避免直接接触产品	PRP	
		物理	无									
		生物	无									
5	酒精	化学	化学成分残留	擦拭产品造成残留	2	1	2	否	从合格供方处选购75%酒精	使用后会自动挥发		
		物理	无									
		生物	无									

2.5.3 过程步骤危害分析

2.5.3.1 仓储运输

序号	工艺步骤	在本步骤中被引入、增加或控制的危害		危害来源	危害程度分析				本步骤控制措施	后续控制措施	措施分类 PRP/OPRP CCP/SOP	备注
					可能性 L	严重性 S	风险系数 P=L×S	是否显著危害 P>6				
1	原料储存	生物	无									
		化学	无									
		物理	无									
2	成品贮存	生物	无									
		化学	无									
		物理	无									
3	成品搬运	生物	无									
		化学	无									
		物理	变形、撞伤	装倒不当造成	2	1	2	否	变形产品剔除	库管员监督	《仓储管理制度》	

2.5.3.2 生产过程（塑料奶粉盖）

序号	工艺步骤	在本步骤中被引入、增加或控制的危害		危害来源	危害程度分析				本步骤控制措施	后续控制措施	措施分类 PRP/OPRP/CCP/SOP	备注
					可能性 L	严重性 S	风险系数 P=L×S	是否显著危害 P>6				
1	计量、混料	生物	致病菌	加工过程可能会使微生物转移到原料上	2	2	4	否	1. 员工取得健康证后上岗；2. 不可以用手直接接触原料	经过高温熔塑胶注塑成型可杀灭致病菌	《生产作业指导书》	
		化学	无									
		物理	异物	人员、环境引入	2	1	2	否	1. 操作人员按要求着表；2. 对原料包装表面进行吸扫后脱包	注塑成型后，操作工进行产品自检，发现不合格品挑出	《生产作业指导书》	

196

序号	工艺步骤		在本步骤中被引入、增加或控制的危害	危害来源	危害程度分析				本步骤控制措施	后续控制措施	措施分类 PRP/OPRP/CCP/SOP	备注
					可能性 L	严重性 S	风险系数 P=L×S	是否显著危害 P>6				
2	送料	生物	无									
		化学	无									
		物理	金属异物	原料及配料过程带入	2	3	6	是	磁力架吸附	每2h对外观、重量、尺寸进行在线检测一次	OPRP2	
3	注塑成型	生物	无									
		化学	塑料中有害单体的析出	加工过程析出	2	3	6	是	控制注塑温度及时间,温度200℃以上,时间大于15s		CCP1	
		物理	外观 规格尺寸 物理性能	加工过程导致	3	1	3	否	1.按工艺参数要求进行调机;2.定期对设备、模具进行保养、点检	1.每2h对外观、重量、尺寸进行在线检测一次;2.每天对前一天产成品检验(外观、规格尺寸、物理性能)	《过程检验作业指导书》	
			异物	人员、加工过程引入	2	1	2	否	1.操作人员按要求着装;2.定期对设备、模具进行清理、保养、点检	注塑成型后,操作工进行产品自检,发现不合格品挑出	《生产作业指导书》	
4	在线检测	生物	无									
		化学	无									
		物理	外观 规格尺寸 物理性能	注塑成型过程导致	3	1	3	否	每2h对异物、外观、重量、尺寸进行在线检测一次	每天进行前一天产成品检验(外观、规格尺寸、物理性能)	《生产作业指导书》	
			异物	原料、人员、加工过程引入	2	3	6	是			OPRP3	

续表

序号	工艺步骤	在本步骤中被引入、增加或控制的危害		危害来源	危害程度分析				本步骤控制措施	后续控制措施	措施分类 PRP/OPRP/CCP/SOP	备注
					可能性 L	严重性 S	风险系数 P=L×S	是否显著危害 P>6				
5	臭氧杀菌（勺、包装物）	生物	细菌、霉菌、致病菌	人员、产品接触表面及环境污染	2	3	6	是	产品放置于臭氧杀菌车间，臭氧浓度 2ppm（1ppm=1μL/L），30min		CCP2	
		化学	无									
		物理	无									
6	内包装	生物	细菌、霉菌、致病菌	人员、产品接触表面、环境、包装物污染	2	2	4	否	1. 进入无尘车间生产，操作人员按标准封闭式着装；2. 车间环境、人员手、接触面按要求进行杀菌、包装物使用前灭菌	1. 定期对产品、人员手部、产品接触表面、环境进行菌落总数、大肠菌群检测；2. 每年一次送第三方进行菌落总数、大肠菌群、致病菌（金黄色葡萄球菌、沙门菌、阪崎克罗诺杆菌）项目的检测	PRP	
		化学	无									
		物理	异物	原料、人员、加工过程引入	3	1	3	否	1. 进入无尘车间人员按标准着装；2. 车间灯管等装置采用防护管理；3. 操作工目检	每天进行前一天产品成检验	PRP	
7	装箱	生物	无									
		化学	无									
		物理	固体异物	装箱过程引入	3	1	3	否	对纸箱进厂和使用进行严格检查		《生产作业指导书》	
8	成品入库	生物	无									
		化学	无									
		物理	变形、磕碰、损坏	人为不注意	3	1	3	否	搬运时轻拿轻放、剔出损坏的成品		《产品防护控制程序》	

198

序号	工艺步骤	在本步骤中被引入、增加或控制的危害		危害来源	危害程度分析				本步骤控制措施	后续控制措施	措施分类 PRP/OPRP/CCP/SOP	备注
					可能性 L	严重性 S	风险系数 P=L×S	是否显著危害 P>6				
9	交付运输	生物	微生物污染	车辆不符合要求，漏雨或积水；易腐烂物残留；包装破损	2	2	4	否	1.运输车辆须干燥整洁，应配备防雨设施；2.运输车辆无垃圾、无已腐烂残留物		《运输管理制度》	
		化学	有害化学物质污染	车辆不符合要求，混装，包装破损	1	3	3	否	1.运输车辆须干净卫生；2.运输车辆不能与有毒有害物品或化学物品混装，易串味物品混运		《运输管理制度》	
		物理	异物、油污污染	车辆不符合要求，混装，包装破损	3	1	3	否	1.运输车辆须干净卫生，应具有防尘设施，无异物、无虫害迹象；2.运输车辆不得与易产生灰尘及其他污染物品混装、混运		《运输管理制度》	

2.5.3.3 生产过程（塑料奶粉勺）

序号	工艺步骤	在本步骤中被引入、增加或控制的危害		危害来源	危害程度分析				本步骤控制措施	后续控制措施	措施分类 PRP/OPRP/CCP/SOP	备注
					可能性 L	严重性 S	风险系数 P=L×S	是否显著危害 P>6				
1	计量、混料	生物	致病菌	加工过程可能会使微生物转移到原料上	2	2	4	否	1.员工取得健康证后上岗；2.不可以用手直接接触原料	经过高温将胶注塑成型可杀灭致病菌		
		化学	无									
		物理	异物	人员、环境引入	2	1	2	否	1.操作人员按要求着装；2.对原料包装面进行吸扫后脱包	注塑成型后，操作工进行产品自检，发现不合格品挑出	《生产作业指导书》	

序号	工艺步骤	在本步骤中被引入、增加或控制的危害		危害来源	危害程度分析				本步骤控制措施	后续控制措施	措施分类 PRP/OPRP/CCP/SOP	备注
					可能性 L	严重性 S	风险系数 P=L×S	是否显著危害 P>6				
2	送料	生物	致病菌	人员、环境引入	1	1	1	否		经过高温格胶注塑成型可杀灭致病菌		
		化学	无									
		物理	异物	原料及配料过程带入	2	3	6	是	磁力架吸附		OPRP2	
3	注塑成型	生物	无									
		化学	塑料中有害单体的析出	加工过程析出	2	3	6	是	1.对设备定期检查、清理，使用食品级润滑油等，使用后注意清洁，避免直接接触产品；2.按注塑操作规程进行操作，控制注塑温度及时间	无	CCP1	
		物理	外观、规格尺寸、物理性能	加工过程导致	3	1	3	否	1.按工艺参数要求进行调机；2.定期对设备、模具进行保养、点检	1.每2h对外观、重量、尺寸进行在线检测一次；2.每天进行前一天产成品检验(外观、规格尺寸、物理性能)	《过程检验作业指导书》	
			异物	人员、加工过程引入	2	1	2	否	1.操作人员按要求着装；2.定期对设备、模具进行清理、保养、点检	注塑成型后，操作工进行产品自检，发现不合格品挑出	《生产作业指导书》	
4	在线检测	生物	无									
		化学	无		3	1	3	否	每2h对异物、外观、重量、尺寸进行在线检测一次			
		物理	异物	原料、人员、加工过程引入	2	3	6	是		每天进行前一天产成品检验(外观、规格尺寸、物理性能)	OPRP3	

序号	工艺步骤	在本步骤中被引入、增加或控制的危害		危害来源	危害程度分析				本步骤控制措施	后续控制措施	措施分类 PRP/OPRP/CCP/SOP	备注
					可能性 L	严重性 S	风险系数 P=L×S	是否显著危害 P>6				
5	包装（裸勺装箱）	生物	细菌、霉菌、致病菌	人员、产品、接触表面、环境、包装物污染	2	2	4	否	1.进入无尘车间生产，操作人员按标准闭式着装；2.车间环境、人员手、接触面按要求进行杀菌控制；3.包装物使用前灭菌	臭氧杀菌		
		化学	无									
		物理	异物、外观	原料、人员、加工过程引入，注塑成型过程导致	3	1	3	否	1.进入无尘车间人员按标准着装；2.车间灯管等装置采用防护管理；3.操作工目检	在线检测（挑拣）	PRP	
6	勺覆膜包装	生物	致病菌	人员、产品、接触表面被污染 包装物污染 包装不严污染	2	2	4	否	1.进入无尘车间生产，操作人员按标准闭式着装；2.车间环境、人员手、接触面按要求进行杀菌控制；3.包装膜灭菌30min；4.按包装机操作规程要求设定温度、操作	臭氧杀菌	PRP	
		化学	无									
		物理	异物、外观	人员、生产引入、注塑成型过程导致	3	1	3	否	1.进入无尘车间生产，操作人员按标准闭式着装；2.车间灯管等装置均采用防护管理；3.操作工检查并清理设备；4.操作工目检	每2h对异物、外观等进行在线检测一次	PRP	

序号	工艺步骤	在本步骤中被引入、增加或控制的危害		危害来源	危害程度分析				本步骤控制措施	后续控制措施	措施分类 PRP/OPRP/CCP/SOP	备注
					可能性 L	严重性 S	风险系数 P=L×S	是否显著危害 P>6				
7	臭氧杀菌（勺、包装物）	生物	细菌、霉菌、致病菌	人员、产品接触表面及环境污染	2	3	6	是	产品放置于臭氧杀菌车间进行杀菌		CCP2	
		化学	无									
		物理	无									
8	在线检测	生物	无									
		化学	无									
		物理	异物	人员、包装物带入，包装不严	2	3	6	是	每 2h 进行在线检测一次		PRP	
9	装箱	生物	无									
		化学	无									
		物理	无									
10	入库	生物	无									
		化学	无									
		物理	无									
11	交付运输	生物	无	车辆不符合要求；漏雨或积水；易腐烂残留物残留；包装破损	2	2	4	否	1.运输车辆须干燥整洁，应配备防雨设施；2.运输车辆无垃圾、无腐烂残留物		《运输管理制度》	

序号	工艺步骤	危害		危害来源	危害程度分析				本步骤控制措施	后续控制措施	措施分类 PRP/OPRP/CCP/SOP	备注
			在本步骤中被引入、增加或控制的危害		可能性 L	严重性 S	风险系数 P=L×S	是否显著危害 P>6				
11	交付运输	化学	有害化学物质	车辆不符合要求,混装,包装破损	1	3	3	否	1.运输车辆须干净卫生; 2.运输车辆不能与有毒有害物品或化学物品混装,易串味物品混装,混运		《运输管理制度》	
		物理	异物,油污污染	车辆不符合要求,混装,包装破损	3	1	3	否	1.运输车辆须干净卫生,应具有防尘设施,无异味,无虫害迹象; 2.运输车辆不得与易产生灰尘及其他污染的物品混装,混运		《运输管理制度》	

2.6 HACCP 计划表

关键控制点 CCP(1)	显著危害(2)	关键限值(3)	监控				纠偏措施(8)	记录(9)	验证(10)
			对象(4)	方法(5)	频率(6)	负责人(7)			
CCP1 注塑成型	化学物质析出	温度200℃以上,时间15s	工艺参数	在线监测	每4h 1次	设备管理员	温度降低时立即停止生产;设备纠正,不安全产品隔离	《注塑工序生产工艺记录》	每年提供实验室认可两次 CNAS 认可实验室的第三方检测(总迁移量,主基酮迁移量,对苯二甲酸迁移量)
CCP2 臭氧杀菌	致病微生物	臭氧浓度2μL/L,时间大于30min	塑料勺,塑料盖	臭氧杀菌	每批次	杀菌员工	未达到2μL/L或时间少于30min产品隔离;设备纠正,不安全产品隔离		1.对产品微生物指标进行抽样检测; 2.每7d进行验证一次菌落总数,大肠菌群; 3.成品每年一次送检第三方对致病菌(金黄色葡萄球菌,阪崎克罗诺杆菌,沙门菌)进行检测

2.7 OPRP 计划表

序号	过程名称	控制的危害	行动准则	监控程序				纠偏行动	记录	验证
				对象	方法	频率	人员			
OPRP1	原辅料及包材验收	化学性污染：重金属、溶剂残留	重金属不得检出；对邻苯二甲酸酯、壬基酚、双酚A等挥发性有机化合物不得检出	对供方控制	供方提供第三方全性能检测报告（覆盖重金属、挥发性有机化合物指标）	每年一次	采购人员	未能提供第三方全性能检测报告（覆盖重金属、致病菌等指标）或提供数值与要求不符，取消其合格供方资格	供方提供的第三方全性能检测报告	质量部每年查验验供方全性能检测报告
OPRP2	送料	金属异物	1.磁棒吸附；2.每天清理磁棒；3.磁棒≥8000 GS	在线吸附	高斯计测量	每天一次	配料员	低于8000 GS，更换磁棒	《除铁器检查记录》	质检员每周抽样检验一次
OPRP3	在线检测	产品瑕疵、异物、重量、尺寸	冷却后的产品全数检验，对比标样，有瑕疵或异物剔除	在线检测	员工按照《工序检验标准》对冷却后产品全数检查	1.操作工对产品外观、异物全数检查；2.重量、尺寸每2h检测1次	操作工	不合格品做报废处理	《注塑工序检验记录》	质检员每天抽样检验一次

3 牛胶原蛋白肽 HACCP 计划

3.1 HACCP 的预备步骤

3.1.1 成立食品安全小组并适当培训

为保障公司食品安全管理体系的建立、保持和发展，公司成立食品安全小组。

小组 成员/职务	职　责	任职资格
组长/×× 质量总监	1. 负责审核相应的体系文件； 2. 确保 ISO 22000:2018 体系得到建立、保持、改进； 3. 组织的内部审核，向最高管理者报告食品安全管理体系的业绩，包括改进的需求； 4. 负责提出原辅料和生产工序的危害分析，确定 CCP 的设置，确定关键限值/行动准则；组织制定 HACCP 计划及组织实施 HACCP 方案； 5. 与 HACCP 体系有关事宜的外部联络； 6. 提出监控方案及纠偏程序的持续性改进方案，负责体系的日常验证工作	1. 大学本科毕业； 2. 食品工程专业； 3. 二十年工作经验； 4. 具备食品企业领导和管理的能力
组员/×× 人力资源部经理	1. 负责公司 ISO 22000:2018 食品安全管理体系文件及记录的管理； 2. 负责公司人力资源的管理工作，组织员工的食品安全培训	1. 大学本科毕业； 2. 四年工作经验； 3. 熟悉文件及人力资源管理
组员/×× 采购部经理	1. 负责公司产品所需原辅料、包装材料采购工作； 2. 负责对原辅料、包装材料供方的调研、选择、评定工作	1. 本科毕业； 2. 采购工作五年经验； 3. 对明胶原辅料、包装材料标准相当熟悉
组员/×× 销售部经理	1. 负责使公司产品运输过程中的卫生、温度符合要求； 2. 负责公司产品的销售以及售后用户对产品食品安全反馈信息的收集； 3. 负责与顾客进行沟通及顾客满意度调查	1. 大学本科毕业； 2. 担任销售经理五年； 3. 对食品销售管理工作相当熟悉
组员/×× 生产部经理	1. 在车间落实 ISO 22000:2018 食品安全管理体系方案； 2. 负责审核相应的体系文件； 3. 监督实施生产加工并严格按照工艺描述操作； 4. 监督做好生产加工中所要求的各种记录并对其认真审核； 5. 监督操作人严格执行生产操作规程； 6. 监督检查监控、纠偏、验证等过程正确性； 7. 监督检查环境、生产、设备的卫生是否符合要求	1. 大学本科毕业； 2. 担任食品企业厂长十年； 3. 对食品行业生产工艺、设备相当熟悉
组员/×× 品控部经理	1. 负责原辅料、包装材料的验证工作； 2. 负责按规定校准各种生产和检测设备； 3. 负责产品生产的检验工作； 4. 负责实施 HACCP 计划效果验证中的检验工作； 5. 负责各种检验结果的记录及保管	1. 本科毕业； 2. 担任化验员三年； 3. 能参与危害分析和确定关键控制点和关键限值； 4. 对食品行业检验工作相当熟悉

小组 成员/职务	职 责	任职资格
组员/×× 设备经理	1.固定资产管理(设备、台账、闲置设备的保管、资料收集与保管); 2.能源管理(用电、用水记录与控制,用电计划申请); 3.设备设施管理(设备设施的抢修、原因的查找、配件的申购;组织完成检修计划,执行设备的操作、维护保养等制度;设备设施的保养与维护与闲置设备的修理与保管); 4.设备、设施安全管理(设备设施安全操作的培训)	1.大学本科毕业; 2.担任设备主管五年; 3.对胶原蛋白肽行业设备相当熟悉
组员/×× 行政部经理	1.低值易耗管理(申购、台账、保管、发放); 2.环境卫生管理(仓库、宿舍、食堂、厂区公用场所、道路、门卫、垃圾房); 3.消防安全管理(消防设施配备与检查、培训、保管、维护); 4.生活、生产垃圾的管理(清运、监督、检查、记录); 5.食堂门卫管理(菜单确认与监督、菜肴质量评定、门卫工作监督与协助、考勤及饭票的发放与退领); 6.公共设施的管理(配备、检查、落实); 7.生活用水、电的管理(记录与控制); 8.宿舍大楼的管理(安排与检查、标准制订)	1.大专毕业; 2.担任后勤主管八年; 3.对后勤管理工作熟悉
组员/×× 库管员	1.负责原辅料、包装材料的验证工作; 2.负责公司原辅料、包装材料仓库的管理工作; 3.负责确保公司原辅料、包装材料在仓储过程中的卫生、质量符合要求; 4.负责公司产品仓库的管理工作; 5.负责确保公司产品仓储过程中的卫生、温度符合要求	1.大专毕业; 2.三年工作经验; 3.对仓库管理相当熟悉
组员/×× 车间主任	1.负责产品各工序步骤的日常监管实施,CCP、OPRP的具体监控、纠偏、验证工作; 2.车间内PRP的检查及跟踪改进; 3.在体系持续性改进方面提出与本职工作相关意见和建议; 4.负责公司产品生产及交付工作; 5.负责配制各种清洗消毒液	1.大专毕业; 2.食品加工工作经历三年; 3.能参与危害分析和确定关键控制点和关键限值; 4.对明胶行业生产相当熟悉

3.1.2 食品安全小组岗位职责

对工厂产品、销售方法、预期消费者及消费者如何消费产品进行正确描述;确认生产流程图;对每个加工步骤进行危害分析,确定关键控制点;实施危害分析,确定 CCP 及 OPRP;根据风险分析确定监控措施;制定 HACCP 计划及 OPRP 计划;实施 HACCP 及 OPRP 计划的确认;督导实施和验证 HACCP 计划和 ORPR 计划;负责全面领导食品安全小组工作,组织食品质量安全体系文件的策划及评审;负责主持食品质量安全体系的内部验证;负责纠偏措施的执行和跟踪;负责组织员工参加食品安全管理体系相关知识的培训;负责督导体系文件的执行及修订;向企业最高管理者报告食品安全管理体系的有效性和适宜性。

3.2 原辅料、包材特性描述

描述对象名称	化学、生物和物理特性	配制辅料的组成	产地	生产方式	包装和交付方式	贮存条件和保质期	使用或生产前的预处理	与采购材料预期用途相适宜的有关食品安全的接准则或规范
原料（牛骨明胶粒）	化学特性：在冷水中吸水膨胀,溶于热水、甘油和醋酸,不溶于乙醇和乙醚;生物特性：生物相容性;生物可降解性;物理特性：白色或淡黄色、半透明、微带光泽的薄片或粉粒	牛骨	***	碱法、酸法	1.PE塑料内袋＋牛皮纸袋包装;2.常温运输	常温、干燥	称量使用	GB 6783—2013《食品安全国家标准 食品添加剂明胶》
氢氧化钠	化学性质：碱性 生物特性：无 物理性质：白色半透明结晶状固体,其水溶液有涩味和滑腻感	—	***	离子交换膜法	1.聚乙烯胶袋包装,外用纤维袋封装;2.常温运输	常温、干燥	称量溶解后使用	GB 1886.20—2016《食品安全国家标准 食品添加剂氢氧化钠》
蛋白酶	化学特性：酶单位计量 生物特性：酶解 物理特性：液体	枯草杆菌	***	提取	1.食品级罐装;2.常温下运输	避免高温,保质期24个月	称量使用	GB 1886.174—2016《食品安全国家标准 食品添加剂工业用酶制剂》
活性炭	化学特性：无 生物特性：无 物理特性：黑色细微粉末,无臭、无味、无砂性,不溶于水和有机溶剂	椰子壳	***	加工	牛皮纸外袋;PE内袋	常温、干燥	称量使用	GB 2760—2014《食品安全国家标准 食品添加剂使用标准》
硅藻土	化学性质：无 生物特性：无 物理特性：孔隙度大、吸收性强、化学性质稳定、耐磨、耐热	—	***	—	1.聚乙烯胶袋包装,外用纤维袋封装;2.常温运输	常温、干燥	称量使用	GB 14936—2012《食品安全国家标准 硅藻土》
牛皮纸袋	化学特性：化学稳定性好,耐酸耐碱 生物特性：无 物理特性：透光性、气密性	EVOH内袋、牛皮纸外袋	***	复合/高温吹膜	常温下运输	干燥处存放无保质期	日期、批号打印后使用	SN/T 0268—2014《出口商品运输包装 纸塑复合袋检验规程》

3.3 终产品特性及其预期用途描述

序号	项目	内容		
1	产品名称	牛胶原蛋白肽		
2	配制辅料的组成	牛骨明胶、蛋白酶		
3	产地	中国******		
4	销售地点	国内及国际市场(＊国)		
5	生产厂家	生产厂家:*******		
6	生产方法	牛骨明胶酶解		
7	重要的特性(化学、生物、物理)		项目	指标
		感官	外观	粉末状或颗粒状、无结块,无正常视力可见的外来异物;白色或淡黄色
			气味	具有产品应有的气味,无异味
		理化指标	相对分子量小于10000的胶原蛋白肽所占比例/%:≥90 羟脯氨酸(以干基计)/(g/100g):≥3.0 总氮(以干基计)/(g/100g):≥15.0 灰分/(g/100g):≤2.0 水分/(g/100g):≤7.0	
		污染物限量	铅(以 Pb 计)/(mg/kg):0.1 镉(以 Cd 计)/(mg/kg):0.1 总砷(以 As 计)/(mg/kg):0.8 铬(以 Cr 计)/(mg/kg):2.0 总汞(以 Hg 计)/(mg/kg):0.1	
		微生物指标	菌落总数/(CFU/g):≤1000 大肠菌群/(CFU/g):≤10 大肠杆菌(CFU/g):不得检出 金黄色葡萄球菌(CFU/25g):不得检出 沙门菌(CFU/25g):不得检出	
8	包装及交付方式	包装方式:25kg牛皮纸袋; 交付方式:常温下运输和销售,运输工具必须清洁、干净、无异味,装卸及运输过程轻拿轻放,不应有机械碰撞或接触锐利物件。避免日晒、雨淋,保证包装完好及产品不受污染		
9	贮存条件及保质期	常温、干燥、通风良好的仓库;保质期24个月		
10	使用或生产前的预处理	使用温水(40~50℃)冲服		
11	预期用途	各类食品加工企业		
12	接收准则或规范	企业标准		

3.4 牛胶原蛋白肽生产工艺流程图及工艺描述

3.4.1 生产工艺流程图

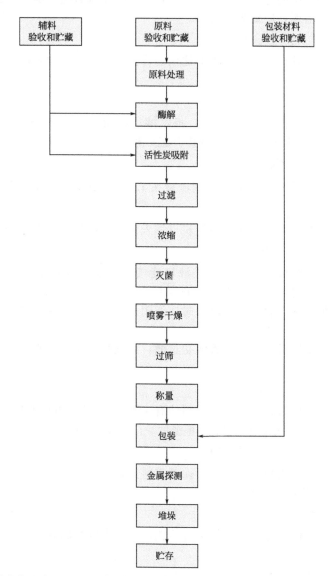

3.4.2 牛胶原蛋白肽工艺描述

3.4.2.1 辅料的验收、贮藏

辅料（蛋白酶）采购前进行供应商考核，确定合格供应商后方可采购，进库的辅料必须要有供应商的产品检验合格证明，经品管室检验合格后，指定批号贮藏在干燥通风的仓库内，并且放置在专用的垫脚板上，避免受到化学、物理因素的影响；加工前适量出库，做到先进先出。

3.4.2.2 包装材料的验收和贮藏

包装材料验收：用清洁、保管良好的车船运输，提供供方的产品检验合格证明，经品管室检验合格后，指定批号分别存放于通风良好、干燥的包装品仓库内。

包装材料贮藏：包装材料按内包装和外包装材料分别存放在不同区域的包装品仓库内，加盖塑料薄膜以防止包装材料受到污染。

3.4.2.3 原料验收和贮藏（OPRP1）

收购牛骨明胶原料，获取出厂检验报告和第三方检测报告。不符合收购要求的拒收。

原料贮藏在干燥通风的仓库内，并且放置在专用的垫脚板上，避免受到化学、物理因素的影响；加工前适量出库，做到先进先出。

3.4.2.4 溶胶（原料处理）

将纯化水和牛骨明胶按照 2.11∶1 的比例混合并缓慢搅拌，使明胶充分吸水膨胀，50～60℃化胶 1～3h。

3.4.2.5 酶解

启动酶解罐，缓慢升温至 53～57℃，将水溶后的蛋白酶倒入酶解罐中，按容量定入。保温搅拌 3～3.5h；保温过程温度下降要做升温处理。

3.4.2.6 灭酶（OPRP2）

酶解结束后，升温至 85～94℃，控制流量在 1.2～1.4m³/h，进行灭酶杀菌。

3.4.2.7 活性炭处理

活性炭吸附，灭酶结束后，加入活性炭（加入量按原料量 3% 计算）进行吸附。

3.4.2.8 过滤（OPRP3）

安装板框压滤机、精滤机等设施，进液口连接输液泵，启动电源，液体通过板框压滤机、精滤机，过滤后的清液暂存在 1.5Mt 的储罐中。

当压滤机压力明显升高后，出液困难时，说明过滤布已经沾满了微粒，应及时更换新清洗滤布。

板框过滤、精过滤均需要经回流管线初过滤，确认滤液无活性炭颗粒后，最终的滤液进入储罐暂存。

3.4.2.9 浓缩、灭菌（CCP1）

连接闪蒸浓缩机，打开真空泵，将压滤后的清液吸入浓缩罐，升温并抽真空，浓缩后酶解液的糖度控制在 >45%，开启灭菌进料泵，杀菌温度 >138℃，灭菌后浓缩液进入储罐暂存。

3.4.2.10 喷雾干燥（OPRP4）

将灭菌后的浓缩液泵入喷雾干燥机，控制进料量，喷雾干燥形成牛胶原蛋白肽粉，进风温度为 188～195℃，出风温度为 88～95℃。

3.4.2.11 过筛

喷雾干燥的胶原蛋白肽通过振动筛进行筛选，去除大颗粒的粉末以及其他异物。

3.4.2.12 包装

将粉末进行称量后，用双层袋进行包装并封口；

在包装上打印生产日期及报检批号等相关信息。

将装箱好的产品整齐、干净的码放在塑料垫脚板上。

3.4.2.13 金属探测（CCP2）

启动金属探测仪，校正灵敏度（测试块：Feϕ2.5mm，SuSϕ3.5mm，N-Feϕ3.0mm）是否正常。

对包装好的产品通过金属探测仪进行金属探测，金属探测无问题的码放在塑料垫脚板上。

如金属探测仪发生警报时，应立即停止运行，将问题产品移出，另外放置，检查颗粒中金属杂质的存在。

3.5 危害分析评估表

3.5.1 原辅料类

序号	工艺步骤	在本步骤中被引入或增加或控制的危害		危害来源	危害程度分析				本步骤控制措施	后续控制措施	措施分类 PRP/OPRP/CCP/SOP	备注
					可能性 L	严重性 S	风险系数 P=L×S	是否显著危害 P>6				
1	明胶验收	化学	重金属等	原料本身带有	2	3	6	否	1. 从合格供应商处选购品级树脂；2. 每年一次送第三方进行检测			
		物理	异物	供方生产中带入	1	2	2	否	进厂时对运输车辆卫生、包装完好度进行检查，不符合要求者拒收	生产使用时，发现此情况，停止使用	OPRP1	
		生物	细菌、霉菌、酵母菌、致病菌	供方生产及运输中污染	2	2	4	否	进厂时对运输车辆卫生、包装完好度进行检查，不符合要求者拒收	加工过程消灭微生物		
2	辅料接收和贮藏（蛋白酶、硅藻土、活性炭）	化学	重金属等	原料本身带有	2	3	6	是	1. 从合格供应商处选购；2. 每年一次送第三方进行检测		OPRP1	
		物理	异物	供方生产中带入	3	1	3	否	进厂时对运输车辆卫生、包装完好度进行检查，不符合要求者拒收	生产使用时，发现此情况，停止使用	PRP	
		生物	细菌、霉菌、酵母菌、致病菌	供方生产及运输中污染	2	2	4	否	进厂时对运输车辆卫生、包装完好度进行检查，不符合要求者拒收	加工过程消灭微生物		

序号	工艺步骤	在本步骤中被引入或增加控制的危害		危害来源	危害程度分析				本步骤控制措施	后续控制措施	措施分类 PRP/OPRP/CCP/SOP	备注
					可能性 L	严重性 S	风险系数 P = L×S	是否显著危害 P>6				
3	包装盒、内包装袋	化学	无									
		物理	异物	供方生产、运输过程中带入	3	1	3	否	进货时检查,使用中装箱人员发现后挑出	无	PRP	
		生物	细菌、霉菌、酵母菌、致病菌	供方生产、运输过程中带入	2	2	4	否	使用前杀菌	无		
4	纸箱	化学	无									
		物理	碎纸屑、异物	供方生产、运输过程中带入	3	1	3	否	进货时检查,使用中装箱人员发现后挑出	无		
		生物	细菌、霉菌、酵母菌、致病菌	供方生产、运输过程中带入	2	2	4	否	不直接接触产品	无		

3.5.2 化学品类

序号	工艺步骤	在本步骤中被引入或增加或控制的危害		危害来源	危害程度分析					本步骤控制措施	后续控制措施	Q1	Q2	是否敏感原料	措施分类 PRP/OPRP/CCP/SOP	备注
					可能性 L	严重性 S	风险系数 P = L × S	是否显著危害 P>6								
1	润滑油	化学	添加剂残留超标	供方生产过程中添加剂使用不当	1	3	3	否	1. 从合格供方处选购食品级润滑油,进货时索要合格检验报告; 2. 索要食品级润滑油的权威机构检测报告	使用后注意清洁,避免直接接触产品		N		PRP	
		物理	无												
		生物	无												
2	酒精	化学	化学成分残留	擦拭产品造成残留	2	1	2	否	从合格供方处选购	使用后会自动挥发					
		物理	无												
		生物	无												

213

3.5.3 过程步骤危害分析

3.5.3.1 仓储运输

序号	工艺步骤	在本步骤中被引入、增加或控制的危害		危害来源	危害程度分析				本步骤控制措施	后续控制措施	措施分类		备注
					可能性 L	严重性 S	风险系数 P = L×S	是否显著危害 P>6			PRP/OPRP/CCP/SOP		
1	原辅料储存	生物	无										
		化学	无										
		物理	异物、金属、石块	外包装破损带入	2	2	4	否	破损物料作报废处理		《库房管理制度》		
2	成品储存	生物	致病菌	库温升高加速致病菌繁殖	2	2	4	否	温湿度监测		《库房管理制度》		
		化学	无										
		物理	无										
3	成品搬运	生物	无										
		化学	无										
		物理	变形、撞伤	装卸不当造成	2	1	2	否	变形产品剔除	库管员监督	《产品防护控制程序》		

214

3.5.3.2 生产过程

序号	工艺步骤	在本步骤中被引入或控制的危害	危害来源	危害程度分析				本步骤控制措施	后续控制措施	措施分类 PRP/OPRP/CCP/SOP	备注
				可能性 L	严重性 S	风险系数 $P = L \times S$	是否显著危害 $P>6$				
1	溶胶	生物 微生物超标	加工过程可能会使微生物转移到原料上	2	2	4	否	1.员工取得健康证后上岗; 2.不可以用手直接接触原料	干燥和灭菌		
		化学 无									
		物理 异物	人员、设备引入	2	1	2	否	操作人员按标准封闭式着装	金属探测		
2	酶解	生物 无									
		化学 酶解生成其他化合物	酶剂量不当以及酶温度、时间,pH偏差	1	2	2	否	控制酶解温度、pH和时间	无	SOP	
		物理 无									
3	灭酶	生物 致病菌、细菌、霉菌	灭酶温度和流量控制不好	2	3	6	是	按标准操作规程操作,控制灭酶温度 85～94℃、流量 1.2～1.4m³/h	无	OPRP2	
		化学 无									
		物理 无									

续表

序号	工艺步骤	在本步骤中被引入或增加或控制的危害		危害来源	危害程度分析				本步骤控制措施	后续控制措施	措施分类 PRP/OPRP/ CCP/SOP	备注
					可能性 L	严重性 S	风险系数 $P = L \times S$	是否显著危害 $P>6$				
4	活性炭吸附	生物	致病菌、细菌、霉菌	活性炭可能存在微生物风险						后续闪蒸灭菌		
		化学	无									
		物理	无									
5	过滤	生物	无									
		化学	无									
		物理	异物	滤布可能损坏或过滤不干净	2	3	6	是	按标准操作规程操作,压滤机及精滤机两道过滤必须循环初,取样观测有无活性炭颗粒,必要时可以取样进行滤纸油滤观测;及时更换滤布	无	OPRP3	

序号	工艺步骤	在本步骤中被引入或增加或控制的危害		危害来源	危害程度分析				本步骤控制措施	后续控制措施	措施分类 PRP/OPRP/CCP/SOP	备注
					可能性 L	严重性 S	风险系数 $P = L \times S$	是否显著危害 $P > 6$				
6	浓缩、灭菌	生物	致病菌、细菌、霉菌	浓缩温度和时间不当	2	3	6	是	按标准操作规程操作,控制杀菌温度>138℃,杀菌时间≥4s		CCP1	
		化学	无									
		物理	无									
7	喷雾干燥	生物	致病菌、细菌、霉菌	干燥进风温度不当,可能有致病菌存活	2	3	6	是	干燥进风温度188~195℃		OPRP4	
		化学	无									
		物理	无									
8	过筛	生物	无									
		化学	无									
		物理	异物	设备脱落,原料带入	1	2	2	否	筛网检查,按照策划频率实施	金属探测仪检测	SOP	《筛网检查记录》

序号	工艺步骤	在本步骤中被引入、增加或控制的危害		危害来源	危害程度分析				本步骤控制措施	后续控制措施	措施分类 PRP/OPRP/CCP/SOP	备注
					可能性 L	严重性 S	风险系数 $P=L×S$	是否显著危害 $P>6$				
9	包装	生物	无									
		化学	无									
		物理	挤压变形、磕碰损坏	人为不注意	3	1	3	否	搬运时轻拿轻放,损坏的剔除		《产品防护控制程序》	
10	金属探测	生物	无									
		化学	无							无		
		物理	金属异物	原料引入、设备掉落	3	3	9	是	1. 每一小时做一次金属探测仪灵敏度测试(灵敏度测试块 Feφ2.5mm, SuSφ3.5mm, N-Feφ3.0mm) 2. 每批审查记录		CCP2	
11	成品入库	生物	无									
		化学	无									
		物理	无									

3.6　HACCP 计划表

关键控制点 CCP(1)	显著危害(2)	关键限值(3)	监控				纠偏措施(8)	记录(9)	验证(10)
			对象(4)	方法(5)	频率(6)	负责人(7)			
浓缩灭菌 CCP1	致病菌、细菌、霉菌	使用闪蒸设备灭菌	杀菌温度	查看灭菌温度	每小时	杀菌操作人员	1. 杀菌温度＜138℃，要求返工；2. 重新将产品加热到＞138℃	浓缩灭菌记录表	1. 每天审查记录；2. 每批次检测致病病菌
金属探测 CCP2	金属杂质	成品中没有可探测到金属杂质	在成品中存在的可探测到的金属杂质	金属探测仪	每袋	金属探测仪操作工、品管人员	1. 不能通过金属探测仪探测的产品拒绝包装；2. 检查原因并采取相应的预防措施；3. 处理不能通过金属探测仪的产品；4. 发现金属探测仪失灵后，对之前时间段探测的产品进行隔离；5. 修复金属探测仪；6. 金属探测仪修复后对隔离的产品重新探测	金属探测监控记录	1. 对金属探测仪使用前、后和使用过程中，每一小时做一次金属探测仪灵敏度测试（灵敏度测试共 Feφ2.5mm，SuSφ3.5mm，N-Feφ3.0mm）；2. 每批审查记录

3.7　OPRP 计划表

编写部门				质量管理部						
序号	过程名称	控制的危害	行动准则	操作性前提方案						
				监控程序				纠偏措施	记录	验证
				对象	方法	频率	人员			
OPRP1	原辅料验收和贮藏	重金属超标	按产品标准要求，提供COA及第三方检测报告	原辅料理化指标	1. 确定合格供应商，定点采购 2. 出具产品合格检验报告	每批次	仓库人员、品管人员	出现不符合产品标准要求的退还给供应商	原、辅料入库验收记录表	进车抽样

编写部门：质量管理部

序号	过程名称	控制的危害	行动准则	监控程序				操作性前提方案	记录	验证
				对象	方法	频率	人员	纠偏措施		
OPRP2	灭酶	致病菌、细菌、霉菌、酵母菌生长	灭酶温度 85~94℃，流量 1.2~1.4m³/h	灭酶温度、流量	观察灭酶温度	灭酶过程	操作人员	当设置温度不当或失误时，重新灭酶	胶液酶解记录表	随时校对温度
OPRP3	过滤	1.活性炭污染 2.其他污染物	浓缩前的滤液（在亮光下）中无正常视力可见的黑色颗粒或其他异物	1.活性炭污染 2.其他污染物	1.亮光下目测 2.滤纸抽滤烘干	过滤全过程，每批次	操作人员、品管人员	1.有污染物必须重新压滤； 2.停止压滤，检查滤布或滤膜有无破损、滤板等安装是否安装错误、重新压滤	活性炭处理、压滤记录	随时进行亮光下目测、必要时用滤纸抽滤
OPRP4	喷雾干燥	致病菌	控制进风温度 188~195℃	进风温度	数字温度表进行监控、提供检测报告	每小时	干燥操作人员、品管人员	未达到进风温度 180~200℃的要求则需返工，重新升温	喷雾干燥监控记录	每天审查记录，每批饮检查致病菌

4 饮用天然矿泉水 HACCP 计划

4.1 食品安全小组任命书、成员及能力确认表

任命书示例如下。

公司各部门：

为确保我公司食品安全管理体系的建立及运行，特成立食品安全小组，名单如下：

组　　长：质量部部长（张＊＊）

组　　员：生产部部长（A）、供销部经理（B）、设备部经理（C）、综合部部长（D）、储运部部长（E）。

以上同志的任命日期从发文之日起执行。

特此通知

＊＊＊＊＊＊矿泉水有限公司

总经理：

食品安全小组成员及能力确认表

序号	姓名	学历	组内职务/职责	部门/职务	专业	工作经历	培训经历
1	张＊＊	大学本科	组长	质量部部长	江南大学（食品科学与工程）	10 年质量管理经验	ISO 9001:2015 质量管理体系、ISO 22000:2018 食品安全管理体系
2	赵＊＊	大学本科	组员	设备部部长	机械制造工艺及设备	15 年设备维护管理经验	ISO 9001:2015 质量管理体系、ISO 22000:2018 食品安全管理体系
3	刘＊＊	大学本科	组员	储运部部长	信息管理与信息系统	15 年仓储、物流管理经验	ISO 9001:2015 质量管理体系、ISO 22000:2018 食品安全管理体系
4	赵＊＊	大专	组员	生产部部长	食品工程	15 年水及饮料行业管理经验	ISO 9001:2015 质量管理体系、ISO 22000:2018 食品安全管理体系
5	刘＊＊	大专	组员	供销部部长	食品营养与检测	8 年水厂检验工作经验 1 年质量管理经验	ISO 9001:2015 质量管理体系、ISO 22000:2018 食品安全管理体系
6	董＊＊	大学本科	组员	综合部部长	人力资源管理	多年从事人力资源及行政管理	ISO 9001:2015 质量管理体系、ISO 22000:2018 食品安全管理体系

4.2 原辅材料、包材特性描述

4.2.1 水源水

品名	水源水
重要的产品特性	1.感官要求:无色无味,浊度＜1NTU,色度＜5度 2.理化要求:偏硅酸含量 25.0mg/L(含量在 25.0～30.0mg/L 时,水温应在 25℃以上) 3.微生物要求:粪肠球菌 0CFU/250mL,产气荚膜梭菌 0CFU/50mL,铜绿假单胞菌 0CFU/250mL,大肠菌群 0CFU/100mL 4.其他理化指标参见 GB 8537—2018、GB 5749—2006
组成	饮用天然矿泉水
产地	××省××市
生产方式	地下深处自然涌出
包装和交付方式	管道输送
存放条件和保质期	封闭系统大自然封闭泉水
使用前预处理	过滤、杀菌
接收标准	符合 GB 8537—2018、GB 5749—2006 标准要求

4.2.2 与产品接触的材料描述

4.2.2.1 瓶盖

品名	塑料防盗瓶盖
产地	××省××市
重要特性(物理、生物、化学)	1.物理特性:如封盖性能、密封性能、热稳定性能、防盗性能等均符合瓶盖内控质量标准 2.生物特性:总菌、霉菌、酵母菌、大肠菌群检测均符合瓶盖内控质量标准 3.化学特性:按照 GB 31604.30—2016 检测邻苯二甲酸酯迁移量,未检出
组分	高密度聚乙烯(HDPE)、色母粒
生产方式	压塑成型、注塑成型
交付方式	汽运
包装类型	膜袋封口后纸箱包装贮存
贮存条件和保质期	阴凉、干燥、无化学品共存;保存期 1 年
使用前的处理	紫外线消毒
接收标准	1.符合××工厂瓶盖验收指导书 2.符合 GB/T 17876—2010、GB 4806.7—2016、GB 9685—2016 标准要求

4.2.2.2 瓶坯

品名	PET 瓶坯
产地	××省××市
重要特性 (生物、物理、化学)	1.物理性能:如尺寸、应力线、椭圆度、跌落性能、密封性能、垂直度等均符合瓶坯内控质量标准 2.生物特性:无 3.化学特性:按照 GB 31604.30—2016 检测邻苯二甲酸酯迁移量,未检出
组分	聚对苯二甲酸乙二醇酯(PET)
生产方式	注塑成型
交付方式	汽运
包装类型	膜袋封口后铁筐包装
贮存条件和保质期	通风、阴凉、干燥、无化学品共存;保存期 12 个月
使用前的处理	—
接收标准	1.符合××工厂瓶坯验收指导书 2.符合 BB/T 0060—2012、GB 4806.7—2016、GB9685—2016 标准要求

4.2.2.3 石英砂

品名	石英砂
供应商	涉及饮用水卫生安全的企业
重要特性	1.物理特性:石英砂是一种坚硬、耐磨、化学性能稳定的硅酸盐矿物,石英砂的颜色为乳白色或无色半透明状,硬度 7,性脆,贝壳状断口,油脂光泽,密度为 2.65,堆积密度(1～20 目为 1.6,20～200 目为 1.5) 2.化学特性:主要矿物成分是 SiO_2,其化学、热学和机械性能具有明显的异向性,不溶于酸,微溶于 KOH 溶液,熔点 1750℃ 3.生物特性:无
组分	石英砂
生产方式	筛选、分级、提纯
包装与交付方式	袋装;汽运
贮存方式	自然条件
保存期限	3～5 年
使用前预处理	直接使用
接收标准	1.符合《水处理用滤料滤芯验收指导书》 2.符合 CJ/T 43—2014 标准要求

4.2.2.4 滤芯

品名	折叠式微孔膜滤芯	阻菌式膜过滤芯	保安过滤器滤芯
产地	××省××市	××省××市	××省××市
重要特性	物理和化学指标均符合《生活饮用水输配水设备及防护材料的安全性评价标准》对饮用水输配水设备的要求	物理和化学指标均符合《生活饮用水输配水设备及防护材料的安全性评价标准》对饮用水输配水设备的要求	物理和化学指标均符合《生活饮用水输配水设备及防护材料的安全性评价标准》对饮用水输配水设备的要求
组分	1.保护和排放层:食品级聚丙烯 2.过滤材料:食品级聚丙烯 内核、骨架、适配器、盖体:食品级聚丙烯 3.密封圈:食品级橡胶	1.滤膜:聚醚砜 支撑层:食品级聚丙烯 2.骨架:食品级聚丙烯 3.密封圈:食品级橡胶 4.端头:食品级聚丙烯	食品级不锈钢
包装与交付方式	膜袋封闭后纸箱包装;汽运	膜袋封闭后纸箱包装;汽运	膜袋封闭后纸箱包装;汽运
贮存方式	通风、阴凉、干燥处,远离阳光及射线	通风、阴凉、干燥处,远离阳光及射线	通风、阴凉、干燥处,远离阳光及射线
保存期限	三年	三年	三年
使用前预处理	—	—	—
接收标准	符合 HY/T 055—2001 标准要求	符合 GB/T 17219—1998 标准要求	符合 GB 4806.9—2016 标准要求

4.2.2.5 清洗消毒剂

品名	高效碱性清洗剂	高效酸性清洗剂	过氧乙酸消毒液	含氯液体消毒剂
产地	××省××市			
重要特性	1.不含磷,无色至浅黄色透明液体;不分层,无悬浮物或沉淀;颗粒、粉状、片剂产品均匀无杂质,不结块 2.活性碱含量:约48%(以氢氧化钠计) 重金属(以 Pb 计,mg/kg)≤30	1.不含磷,无色透明液体不分层,无悬浮物或沉淀 2.颗粒、粉状、片剂产品均匀无杂质,不结块 3.pH 0.1～2.5,比重约 1.25 4.重金属(以 Pb 计,mg/kg)≤30	1.不分层,无悬浮物或沉淀 2.颗粒、粉状、片剂产品均匀无杂质,不结块 3.过氧乙酸含量为15%,过氧化氢含量为 25% 4.重金属(以 Pb 计,mg/kg)≤30	1.不含磷,无毒无害 2.有效氯含量(以 Cl 计,质量百分数)≥10% 3.游离碱(以 NaOH 计,质量百分数)0.1%～1.0% 铁(Fe,质量百分数)≤0.005% 4.重金属(以 Pb 计,质量百分数)≤0.001%;砷(As,质量百分数)≤0.0001%

组分	氢氧化钠、润湿剂、水	硝酸、磷酸、润湿剂	过氧乙酸、过氧化氢	次氯酸钠
包装与交付方式	桶装、密封；汽运；运输中应防止雨淋，注意轻装，防止泄漏	袋装、密封；汽运；运输中应防止雨淋，注意轻装，防止泄漏	桶装、密封；汽运；运输中应防止雨淋，注意轻装，防止泄漏	桶装、密闭；汽运；装运容器应防腐，运输时不得与还原性物品混运
贮存方式	干燥，通风良好，不与有任何有毒有害物质混存	自然条件	避光、避热、防雨	阴凉、通风的仓库，避免阳光照射，并禁止与其他可能与之发生危险反应的货物一起存放
保存期限	2年	2年	6个月	6个月
使用前预处理	配制使用	配制使用	配制使用	配制使用
接收标准	1. QB/T 4314—2012《食品工具和工业设备用碱性清洗剂》 2.《生产用化学药品验收指导书》	1. QB/T 4313—2012《食品工具和工业设备用碱性清洗剂》 2.《生产用化学药品验收指导书》	1. GB 14930.2—2012《消毒剂》 2.《生产用化学药品验收指导书》	1. GB 19106—2013《次氯酸钠》 2.《生产用化学药品验收指导书》

品名	高泡碱性清洗剂	高泡酸性清洗剂	传送带润滑清洁剂	75%乙醇
供应商	××省××市			
重要特性	1.不含磷 2.透明液体 3.比重：约1.05 4.外观：粉粒 5.颜色：无色至浅黄色 6.pH(0.1%水溶液)：7.5~11.5 7.水溶解性：易溶	1.外观：透明液体 2.颜色：无色至浅黄 3.pH(1%水溶液)：1~2 4.水溶解性：混溶	1.不含磷 2.淡黄色透明液体，淡氨味 3.比重：约1.0 4.pH(1%水溶液)：6.0~9.0 5.闪点(℃)：>100 6.比重(25℃)：0.99~1.01 7.水溶解性：混溶	1.无色澄清透明液体，无杂质，无沉淀，具有乙醇固有的气味 2.乙醇含量(体积分数)：70%~80% 3.重金属(以Pb计，mg/kg)≤30
组分	十二烷基硫酸钠、胺络合剂、水	十二烷基苯磺酸、磷酸	长链脂肪胺、醋酸、水	乙醇

包装与交付方式	1. 桶装,密封 2. 汽运,运输中应防止雨淋,注意轻装,防止泄漏	1. 袋装,密封 2. 汽运,运输中应防止雨淋,注意轻装,防止泄漏	1. 桶装,密封 2. 汽运,运输中应防止雨淋,注意轻装,防止泄漏	1. 桶装,密封 2. 运输时应有防晒、防雨淋等措施,不得与有毒、有害、易燃易爆或影响产品质量的物品混装运输,运输时应避免倒置
贮存方式	干燥,通风良好,不与任何有毒有害物质混存,避光、避热	避光、避潮、避压	避光、避热	保存于阴凉、通风的库房。远离火种、热源。库温不宜超过30℃
保存期限	2年	2年	6个月	20天或与供方协商
使用前预处理	配制使用	配制使用	直接使用	直接使用
接收标准	1. QB/T 4314—2012《食品工具和工业设备用碱性清洗剂》 2.《生产用化学药品验收指导书》	1. QB/T 4313—2012《食品工具和工业设备用酸性清洗剂》 2.《生产用化学药品验收指导书》	《生产用化学药品验收指导书》	1. GB 26373—2020《醇类消毒剂卫生要求》 2.《生产用化学药品验收指导书》

4.3 终产品描述和预期用途

产品名称	饮用天然矿泉水
产地、水源地	××省××市
加工工序	过滤、杀菌、灌装
产品类别	瓶(桶)装饮用水类(饮用天然矿泉水)
产品成分	天然矿泉水
重要的产品特性	1. pH7.25~7.80,偏硅酸含量25.0~49.3mg/L 2. 产品符合GB 8537—2018标准要求
包装类型	内包材采用PET塑料瓶及HDPE瓶盖包装
存放条件和保质期	常温或冷藏,避免阳光直射;保存期24个月

预期用途（适用人群）	直接饮用（适用所有人群）
标签说明	符合 GB 7718—2011 标准要求
销售方式	经销商代理制；由物流管理部直接发运
运输要求	防雨淋、防寒、防高温，不与有异味物、有害物共同运输；汽运、海运、铁运
接收标准	符合 GB 8537—2018 标准要求

4.4 生产工艺流程图及工艺描述

4.4.1 流程图

4.4.1.1 水源地源水罐及输送管路内部消毒工艺图

4.4.1.2 车间管路CIP工艺图

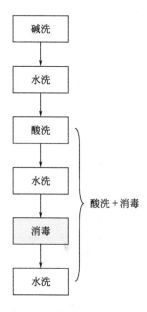

4.4.1.3 生产线工艺流程图

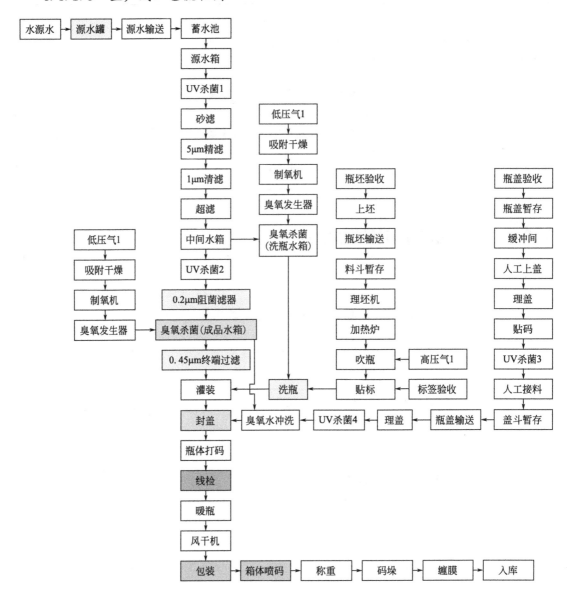

4.4.2 工艺描述

4.4.2.1 水源地源水罐及输送管路内部消毒工艺描述

流程	描述
投药	向蓄水池内投放含氯消毒液
消毒	浓度:含氯消毒剂,100~150μL/L;过氧乙酸消毒剂,0.2%。投药后,以工厂源水出口处浓度检测为准
冲洗	直至出水水质合格,消杀工作结束

4.4.2.2　车间管路CIP工艺描述

流程	描述
碱洗	药品:CIP用碱液,浓度:2.0%~2.5%,温度:50~70℃,时间:30min
水洗	源水冲洗,温度:常温,时间:10min
酸洗	药品:CIP用酸液,浓度:1.5%~2.0%,温度:常温,时间:30min
水洗	温度:常温,源水冲洗至酸冲净,出水pH值和源水相差±0.2
消毒	药品:含氯消毒液,浓度:50~100μL/L,温度:常温,时间:30min
水洗	源水冲洗,直到无余氯

4.4.2.3　生产线工艺描述

流程	描述
水源水	1. 水源防护符合GB 16330—2018标准; 2. 界限指标每4个月监测1次,亚硝酸盐、耗氧量每4个月监测1次,丰水期加测1次(GB 16330—2018); 3. 感官要求、微生物指标丰水期每15天检测1次,平水期和枯水期每月监测1次,水源水水质应符合GB 8537—2018,GB 5749—2006标准中规定的各项指标的要求
源水罐	起缓冲作用;每周进行微生物检验;水质超出国家标准范围时要对水源地源水管路进行消杀;设备维护部的施工要严格按照GB 16330—2018的标准执行
源水输送	源水输送作用;水质超出国家标准范围时要对水源地源水管路进行消杀;设备维护部的施工要严格按照GB 16330—2018的标准执行
蓄水池	起缓冲作用;水质超出国家标准范围时要对水源地源水管路进行消杀;设备维护部的施工要严格按照GB 16330—2018的标准执行
源水箱	起缓冲作用;1次/班进行感官、pH、电导率、浊度的检测,1次/周进行微生物检验,1次/CIP周期清洗消毒
UV杀菌1	起杀菌作用;1次/班进行透光率及照射剂量检测,1次/CIP周期后进行微生物检测
砂滤	可去除水中有机沉淀物、大颗粒杂质;1次/班进行感官、进出水压差、浊度检测,1次/CIP周期后进行微生物检测,1次/CIP周期清洗消毒,定期开盖检查石英砂状况,正常情况不超过5年换砂1次
5μm精滤过滤	可去除固体颗粒,1次/班进行进出水压差、浊度检测,1次/CIP周期后进行微生物检测,1次/维护周期用50~100μL/L含氯消毒液浸泡30min消毒杀菌
1μm精滤过滤	可去除固体颗粒,1次/班进行进出水压差、浊度检测,1次/CIP周期后进行微生物检测,1次/维护周期用50~100μL/L含氯消毒液浸泡30min消毒杀菌
超滤	可去除水中胶体、部分微生物;过滤精度0.03μm,1次/班进行进出水压差、浊度、pH、电导率检测,1次/CIP周期清洗消毒后进行微生物检测,每天进行1次化学加强反洗,每周进行1次侧他地点化学清洗消毒
中间水箱	起缓冲作用;1次/班进行pH、电导率检测,1次/CIP周期后进行微生物检测,1次/CIP周期清洗消毒
UV杀菌2	起杀菌作用;1次/班进行透光率及照射剂量检测,1次/CIP周期后进行微生物检测
0.2μm阻菌过滤器	起到阻菌作用,1次/班进行进出水压差检测,1次/CIP周期后进行微生物检测,1次/维护周期50~100μL/L含氯消毒液,浸泡30min杀菌
低压气1	空气经过压缩过滤为制氧机提供气源;压力大于0.6MPa,小于0.8MPa
吸附干燥	作用是去除水分、过滤杂质、除菌
制氧机	去除多余的气体并产生氧气
臭氧发生器	将氧气转化成臭氧,对成品水箱的水进行杀菌
臭氧杀菌(成品水箱)	臭氧与水充分接触,对成品水进行杀菌消毒,成品水箱中水要确保臭氧浓度在0.15~0.45μL/L范围内;氧化时间$t \le 3min$,1次/h进行臭氧检测,1次/CIP周期后进行微生物检测,1次/CIP周期清洗消毒

流程	描述
0.45μm 终端过滤	起过滤微小杂质作用;1 次/h 进行进出水压差检测,1 次/CIP 周期后进行微生物检测,1 次/CIP 周期清洗消毒
瓶坯验收	确保瓶坯符合生产使用要求,对瓶坯进行每批检验
上坯	确保瓶坯外包装、标签无异常,瓶坯外观无异常,后将瓶坯叉送至翻斗机
瓶坯输送	将瓶坯通过输送带从吹瓶机内料斗输送到理坯机
料斗暂存	缓冲瓶坯输送
理坯机	整理瓶坯方向
加热炉	加热软化
高压气 1	为瓶坯成型提供气源,1 次/h 检查卫生和气体
吹瓶	用压缩气体将加热后的瓶坯按照模具吹塑成型;1 次/h 检查注点容量、卫生、外观
贴标	用贴标机将标签张贴到瓶身预定的位置,并压实确保黏合牢固、平整,对标签外观及贴标位置,1 次/h 检查标签位置及标贴外观
低压气 1	空气经过压缩过滤为制氧机提供气源;压力大于 0.6MPa,小于 0.8MPa
吸附干燥	作用是去除水分、过滤杂质、除菌
制氧机	产生氧气
臭氧发生器	将氧气转化成臭氧,对成品水箱的水进行杀菌
洗瓶水箱	为洗瓶提供水源,1 次/h 检测臭氧浓度,1 次/CIP 周期后进行微生物检测
洗瓶	主要去除瓶内杂质。1 次/h 进行监控除尘压力、清洗状态、臭氧浓度,1 次/CIP 周期后进行微生物检测
灌装	确保产品净含量、封盖等各指标达到标准要求,1 次/h 检测液位、瓶口及螺纹、感官、pH、电导率、色度、浊度,1 次/CIP 周期前后各一次进行微生物检测,1 次/CIP 周期进行一次清洗消毒
瓶盖验收	确保瓶盖符合生产使用要求,对瓶盖 1~4 月份、11~12 月份每月抽检一次;5~10 月份每批必检
瓶盖暂存	存放瓶盖,起到缓冲作用
缓冲间	去掉瓶盖外箱,防止交叉污染
人工上盖	检查瓶盖外包装、标签、瓶盖卫生无异常后将瓶盖倒入盖斗
理盖	调整瓶盖方向
贴码	一瓶一码贴标
UV 杀菌 3	杀菌作用
人工接料	物料转移,暂存
盖斗暂存	存放瓶盖,起到缓冲作用
瓶盖输送	通过输送带将瓶盖传至灌装机内理盖盘,进行理盖
理盖	瓶盖朝向一致通过下盖滑道
UV 杀菌 4	通过紫外灯照射杀菌,每次开机前对 UV 杀菌照度要求进行检测
臭氧水冲洗	通过臭氧水冲洗异物,1 次/h 对臭氧浓度进行检测
封盖	封盖机封盖,1 次/h 进行外观检查、跌落实验,1 次/6h 检测立时开启扭矩,1 次/周 SST 检测

流程	描述
激光打码	激光打码机在瓶身预定位置喷上规定格式的标记,内容涵盖生产日期、时间及线别;瓶身喷码日期和格式正确,喷码位置正确,字符清晰,1次/h目测
线检	检查产品的喷码内容和格式是否正确;检查封盖不良、标签不良、打码不良、液位不满及产品外观缺陷等不良现象
暖瓶	使瓶体温度高于露点温度,保证瓶体表面不结露;现场品控员对包装区域露点温度进行检测
风干机	减少瓶体表面水分,防止包装纸板受潮
包装	将成品水包装成箱,现场品控员1次/4h进行成型、封箱拉力、开箱检查,现场操作人员1次/2h点检
大字喷码	用油墨喷码机在纸箱预定位置喷上规定格式的标记,内容涵盖生产日期、时间及线别;格式及内容正确,字符清晰、美观,现场品控员1次/h检测,现场操作员1次/h进行点检
称重	确保每箱产品不少瓶,无液位不足现象
码垛	将成箱水码成垛;包装好的成品通过码垛机按照预设堆码顺序及高度码放到栈板上,方便存储和运输,现场品控员1次/班目测外观,现场操作人员1次/h进行点检
缠膜	将成垛的产品缠膜固定,方便存储;缠膜整齐、完整、无破损,现场品控员1次/2h目测外观,现场操作人员1次/h进行点检
入库	入库贮存

注:表内是工艺流程,会存在对相同步骤的描述。

4.5 危害风险评估及控制措施评价方法

食品安全小组应针对生产过程中的原辅材料和工艺流程进行危害程度分析,确定原辅材料和工艺流程中可能出现的物理、化学和生物性危害,分析可能为敏感原的原辅材料和可能产生食品安全问题的工艺过程,并确定应采取的控制措施类型,具体的评定方法如下。

4.5.1 危害风险评估方法

4.5.1.1 可能性分析

食品安全小组应组织人员对原辅料和工艺流程中会产生的食品安全危害进行分析,确定其食品安全危害可能的发生概率,并根据其可能发生的频率,按照可能性判断评分表进行打分(表53),记为可能性 L。

表53 可能性判断评分表

级别	分值	理论上的可能性	曾经发生过	不止一次发生过
D几乎不可能	1	未发生过,且在现有的条件下一般不会发生		
C低	2	√		
B中	3		√	
A高	4			√

4.5.1.2 严重性分析

食品安全小组应组织人员对原辅料和工艺流程中可能产生的食品安全危害进行分析,确定其食品安全危害的严重性程度，并根据其发生后的危害程度，按照危害的严重度判断评分表进行打分（表54），记为严重性S。

表54 危害的严重度判断评分表

级别	分值	不确定会造成慢性的疾病或轻微的伤害	非急重性伤害	急重性伤害或致命性伤害
低	1	√		
中	2	√	√	
高	3	√	√	√

4.5.1.3 危害风险评估

食品安全小组对原辅材料和工艺流程中可能产生的食品安全危害进行可能性和严重性分析后，根据分析所得的数值L和S，确定该食品安全危害的风险系数 $P = L \times S$，所得到的风险系数，根据风险评估参照表（表55）确定该食品安全危害的风险等级。

表55 风险评估参照表

严重性	可能性			
	4(高)	3(一般)	2(低)	1(一般不可能发生)
3(高)	12	9	6	3
2(中)	8	6	4	2
1(低)	4	3	2	1

风险系数判定为6以上（包括6）的危害为显著危害。食品安全小组应组织人员针对显著危害用判断树进行分析，确认对该食品安全危害所需应用的控制措施是 HACCP 计划、PRP 还是 OPRP。对于风险系数判定为6以下的危害，用前提方案进行管理。

4.5.2 危害控制措施的评价方法

对于原辅料中可能存在的食品安全危害，在确定其风险系数后，根据敏感原辅料食品危害控制措施判断树的逻辑进行判断，确定对该食品安全危害应采取的控制措施。

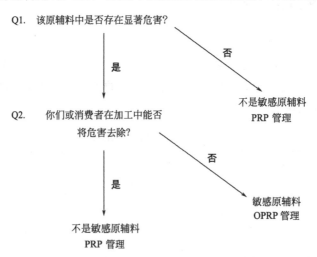

对于工艺流程中可能存在的食品安全危害，在确定其风险系数后，按照控制措施分类判断树和CCP的判断树进行判断，确定该食品安全危害所采取的控制措施，危害分析参见表56。

232

表 56 危害分析

序号	工艺步骤		在本步骤中被引入、增加或控制的危害	危害来源	危害程度分析				本步骤控制措施	后续控制措施	Q1	Q2	Q3	Q4	Q5	措施分类 HACCP/PRP/OPRP	备注
					可能性 L	严重性 S	风险系数 P=L×S	是否显著危害 P>6									
1	源水 UV 灯杀菌	生物	细菌、大肠菌群、霉菌等	源水中混入	2	3	6	是	UV 杀菌,每周进行检测,低于 800mJ/cm² 需更换设备	后续过滤工段及臭氧杀菌控制	Y	Y	N	N	Y	OPRP1	
		化学	无														
		物理	异物	源水或管路中混入	2	2	4	否		后续过滤工段控制	Y	N	N	N	Y	《生产作业指导书》	
2	砂滤	生物	细菌、大肠菌群、霉菌等	源水中混入	1	2	3	否	无	后续过滤工段及臭氧杀菌控制	Y	N	N	N	Y	《生产作业指导书》	
		化学	无														
		物理	泥沙	源水或砂罐中混入	2	2	4	否	砂滤去除有机沉淀、大颗粒杂质	后续过滤工段控制	Y	Y	N	N	Y	《生产作业指导书》	
3	精滤 (10μm、5μm、1μm)	生物	细菌、大肠菌群、霉菌等	源水中混入	1	2	3	否	无	后续过滤工段及臭氧杀菌控制	Y	Y	N	N	Y	《生产作业指导书》	
		化学	无														
		物理	异物	源水或精滤中混入	2	2	4	否	5μm 可去除固体颗粒	后续过滤工段控制	N						

序号	工艺步骤	在本步骤中被引入、增加或控制的危害		危害来源	危害程度分析				本步骤控制措施	后续控制措施	措施分类						备注
					可能性 L	严重性 S	风险系数 P = L×S	是否显著危害 P>6			Q1	Q2	Q3	Q4	Q5	HACCP/PRP/OPRP	
4	超滤	生物	细菌、大肠菌群、霉菌等	源水中混入	1	3	3	否	超滤可去除水中部分微生物	后续过滤工段及臭氧杀菌控制	Y	N	N	N	Y	《生产作业指导书》	
		化学	无														
		物理	无														
5	UV灯杀菌	生物	细菌、大肠菌群、霉菌等	源水或管路中混入	1	3	3	否	UV杀菌，每周进行检测，低于 800mJ/cm² 需更换设备		Y	Y	Y	N	Y	《生产作业指导书》	
		化学	无														
		物理	异物	源水或管路中混入	2	2	4	否		后续过滤工段控制	Y	N	N	N	Y		
6	0.2μm 精滤	生物	细菌、大肠菌群、霉菌等	源水或管路中混入	1	2	2	否	过滤掉部分细菌	后续臭氧杀菌控制	Y	Y	N	N	Y	《生产作业指导书》	
		物理	异物	源水或精滤中混入	2	2	4	否	过滤掉 0.2μm 以上异物	后续过滤工段控制	Y	Y	Y	N	Y	《生产作业指导书》	
		化学	无														

序号	工艺步骤	在本步骤中被引入、增加或控制的危害		危害来源	危害程度分析				本步骤控制措施	后续控制措施	Q1	Q2	Q3	Q4	Q5	措施分类 HACCP/PRP/OPRP	备注
					可能性 L	严重性 S	风险系数 P=L×S	是否显著危害 P>6									
7	臭氧杀菌	物理	无														
		生物	细菌、大肠菌群、霉菌等	1. 不规范操作，导致二次污染；2. 灌装设备不清洁致残留微生物；3. 灌装环境不到要求的净化度；4. 臭氧浓度低于标准，达不到预想杀菌效果	2	3	6	是	1. 保证操作工规范操作；2. 采用CCP控制；3. 定期检测灌装环境净化度；4. 臭氧在线监测仪与灌装机联动；5. 按频率检测产品水臭氧浓度		Y	N	Y	N	N	CCP1	
		化学	溴酸盐	杀菌副产物	2	3	6	是	控制产品水误化物含量、臭氧浓度、缩短氧化时间		Y	N	N				

序号	工艺步骤		在本步骤中被引入、增加或控制的危害	危害来源	危害程度分析				本步骤控制措施	后续控制措施	Q1	Q2	Q3	Q4	Q5	措施分类 HACCP/PRP/OPRP	备注
					可能性 L	严重性 S	风险系数 $P=L \times S$	是否显著危害 $P>6$									
8	终端过滤	物理	杂质	滤芯或水中杂质的带入	2	3	6	是	严格按照 GMP 规则执行操作		Y	Y	Y	N	N	OPRP2	
		生物															
		化学															
9	瓶坯、瓶盖验收	物理	杂质	1. 原料生产时混入 2. 运输过程中包装袋破损	2	2	4	否	到货时包装袋及瓶坯外观质的检查	生产过程中检验	N					PRP	
		生物	无														
		化学	对苯二甲酸、壬基酚、双酚 A	原料产地及工艺	2	3	6	是	要求原料供应商具有相应资质及相应形式检测报告		Y	Y	Y	N	N	OPRP3	
10	贴标	生物	无														
		化学	无														
		物理	无														

236

序号	工艺步骤	在本步骤中被引入、增加或控制的危害		危害来源	危害程度分析				本步骤控制措施	后续控制措施	Q1	Q2	Q3	Q4	Q5	措施分类 HACCP/PRP/OPRP	备注
					可能性 L	严重性 S	风险系数 P=L×S	是否显著危害 P>6									
11	灌装	生物	无														
		物理	无														
		化学	无														
12	理盖	生物	细菌、大肠菌群、霉菌等	空气中或设备带入	2	2	4	否	无	UV杀菌	Y	Y	Y	N	Y	《生产作业指导书》	
		化学	无														
		物理	无														
13	贴码	生物	细菌、大肠菌群、霉菌等	二维码贴中带入	2	2	4	否		UV杀菌	Y	N	N	N	Y	《生产作业指导书》	
		化学	无														
		物理	杂质	二维码贴中带入	2	2	4	否		旋盖前冲洗	Y	N	N	N	Y	《生产作业指导书》	

序号	工艺步骤	在本步骤中被引入、增加或控制的危害		危害来源	危害程度分析				本步骤控制措施	后续控制措施	Q1	Q2	Q3	Q4	Q5	措施分类 HACCP/PRP/OPRP	备注
					可能性 L	严重性 S	风险系数 $P = L \times S$	是否显著危害 $P>6$									
14	瓶盖紫外杀菌	生物	细菌、大肠菌群、霉菌等	加工、包装或运输过程中可能引入	2	3	6	是	1. 确保生产过程中紫外灯开启开损坏；2. 微生物检样，无菌检出	通过 OPRP 计划进行验证	Y	Y	Y	N	N	OPRP4	
		化学	无														
		物理	无														
15	封盖	生物	细菌、大肠菌群、霉菌等	加盖、压盖扭力不到位、空气中的微生物混入	2	3	6	是	按操作规范对成品水进行微生物检测，按规定频率对瓶盖扭矩进行检测		Y	Y	Y	N	N	CCP2	
		化学	无														
		物理	杂质	旋盖过程中止旋刀屑	1	2	2	否	挑拣		N	N	N	N	N	《生产作业指导书》	

4.6 HACCP 计划表

关键控制点	显著危害	关键限值	监控				纠偏措施	记录	验证	
			对象	方法	频率	人员			验证周期及记录	验证人员
臭氧杀菌 CCP1	总菌,大肠菌群、霉菌、酵母菌、粪肠球菌、产气荚膜梭菌	成品水箱内水的臭氧浓度:≥0.15μL/L							1. 频率:1 次/h 2. 记录:《制程管制日报表》《质量异常反馈单》《检测仪器校准记录》	现场品控员
	溴酸盐	臭氧浓度:≤0.45μL/L	在线监控仪	在线监控	1 次/h	灌装操作工	1. 停止灌装,排掉罐内不符合要求的水。2. 调整臭氧浓度至标准范围内。3. 对相应时段产品进行隔离评估,进行溴酸盐及微生物验证	《灌装机日报表》	1. 频率:1 次/2h 2. 记录:《理化检测原始记录表》《检验报告单》《质量异常反馈单》《检测仪器校准记录》	理化质检员
旋盖 CCP2	细菌,大肠菌群、霉菌等	开启扭矩:30/25mm 口径:(120±30)cN·m	1. 高歪盖 2. 封盖效果	1. 目测和击打器(针对高歪盖) 2. 扭力仪检测法	1 次/h	现场品控员	1. 重新调整旋盖头设定扭矩,合格后生产 2. 对前一个检测周期的产品追溯取样检测评估	《顶压扭矩及净含量检测记录表》	1. 频率:开机,1 次/6h,连续封盖头数量 2. 记录:《空瓶顶压扭矩、净含量检测记录表》《检测仪器校准记录》《质量异常反馈单》	现场品控员

4.7 OPRP 计划

过程名称	显著性危害	行动准则	监控					纠偏措施	记录	验证		验证人员
			对象	方法	频率	人员				验证周期及记录	
源水 UV 杀菌 OPRP1	生物性危害:细菌,大肠菌群,霉菌	光能大于 800mJ/cm²	UV 灯	测量 UV 灯光能	每周	水处理操作工	更换 UV 灯	《UV 灯更换检测记录表》	每月品控员验证 1 次	现场品控员
终端过滤 OPRP2	物理性危害:过滤杂质	1. 进水压力 0~0.5MPa 出水压力 0~0.5MPa 2. 进出水压差 ≤0.2MPa	1. 进、出水压力 2. 进出水压差	目测(记录压力表读数)	1 次/1h	水处理操作工	更换滤芯	《车间水处理运行监测记录表》	1. 频率:1 次/班 2. 记录:《水处理制程管制日报表》监控压差值	现场品控员
瓶坯、瓶盖验收 OPRP3	化学性危害:对苯二甲酸、壬基酚、双酚 A	按照国家食品接触材料提供第三方检测报告	瓶坯、瓶盖	查看第三方检验报告	每批进货	检验员	不合格退货	《原辅料验收记录》	每月品控经理抽检	品控经理
瓶盖紫外杀菌 OPRP4	生物性危害:细菌,大肠菌群,致病菌	臭氧浓度 0.8~1.5μL/L	臭氧浓度	目测(臭氧仪在线监控)	臭氧浓度 1 次/h	灌装/水处理操作工	停止生产,调试合格后开机	《开机点检表》和《制程管制日报表》	1. 频率: ① 臭氧浓度 1 次/h ② 紫外线照度 1 次/开机 2. 记录:《生产制程管制日报表》监控状态	现场品控员
		UV 杀菌照度≥70mW/cm²	UV 灯	紫外线照度仪	紫外线照度 1 次/开机	现场品控员			

参考文献

[1] ISO 22000：2018，Food safety management systems—Requirements for any organization in the food chain.

[2] ISO 9000：2015，Quality management systems—Fundamentals and vocabulary.

[3] ISO 9001：2015，Quality management systems—Requirements.

[4] ISO/TS 22002（all parts），Prerequisite programmes on food safety.

[5] GB/T 35561—2017，《突发事件分类与编码》.

[6] GB/T 35245—2017，《企业产品质量安全事件应急预案编制指南》.

[7] Annex to CAC/RCP1—1969，Rev. 3（1997），Amd. 1999，《危害分析和关键控制点（HACCP）体系及其应用准则》.

[8] ISO/TS 22002-1：2009，《食品安全前提方案　食品生产》.

[9] GB/T 27320—2010，《食品防护计划及其应用指南　食品生产企业》.

[10] PAS 96：2017，Guide to protecting and defending food and drink from deliberate attack.

[11] GFSI 基准要求 2018.

[12] 中国质量认证中心. ISO 22000：2018 食品安全管理体系审核员培训教程. 北京：中国标准出版社，2019.